国家级一流本科专业建设成果教材

化学工业出版社"十四五"普通高等教育规划教材

制药工程专业导论

Introduction to Pharmaceutical Engineering

王车礼　主编

马晓明　严生虎　王建浩　陈俊名　副主编

化学工业出版社

·北京·

内 容 简 介

《制药工程专业导论》主要内容包括：①药品和药学基础知识；②化学制药、中药制药、生物制药与药物制剂工艺过程；③医药产业链从药物发现、药物临床前研究、药物临床研究，到制药过程开发与设计、药品生产、药品流通，再到药品应用和药事管理等环节的主要任务、相关职业及其需要掌握的学科知识；④按"产业需要—培养目标—毕业要求—课程设置"的办学逻辑介绍专业培养方案，依课程之间的支撑关系讲解专业课程体系，最后给出专业学习建议。全书共六章，每章有案例导入，章后有学习小结和思考题。此外，本书配有数字资源，读者可扫码获取。

《制药工程专业导论》适合高等学校制药工程及相关专业师生使用，亦可供制药企业技术人员、管理人员阅读。

图书在版编目（CIP）数据

制药工程专业导论 / 王车礼主编. -- 北京 ： 化学工业出版社，2025. 6. --（国家级一流本科专业建设成果教材）（化学工业出版社"十四五"普通高等教育规划教材）. -- ISBN 978-7-122-47726-2

Ⅰ. TQ46

中国国家版本馆 CIP 数据核字第 202555BM21 号

责任编辑：马泽林　杜进祥
责任校对：张茜越　　　　　　　　　　　装帧设计：刘丽华

出版发行：化学工业出版社（北京市东城区青年湖南街 13 号　邮政编码 100011）
印　　装：北京云浩印刷有限责任公司
787mm×1092mm　1/16　印张11　字数244千字　2025 年 7 月北京第 1 版第 1 次印刷

购书咨询：010-64518888　　　　　　　售后服务：010-64518899
网　　址：http://www.cip.com.cn
凡购买本书，如有缺损质量问题，本社销售中心负责调换。

定　　价：39.00 元

本书编写人员

主　编　王车礼

副主编　马晓明　严生虎

　　　　王建浩　陈俊名

参　编（按姓氏笔画排序）

马晓明　常州大学药学院

王车礼　常州大学药学院

王建浩　常州大学—创健医疗合成生物学创新研究院

从　扬　常州大学药学院

吕金鹏　常州大学药学院

刘旻虹　常州市食品药品纤维质量监督检验中心

严生虎　常州大学药学院

陈俊名　常州大学药学院

夏宗玲　常州市第一人民医院药学部

董春萍　常州大学药学院

⬡ 前言

    制药工程专业是一个以培养能够在制药及相关领域从事科学研究、技术开发、工艺与工程设计、生产组织、管理与服务等工作的高素质专门人才为目标的工科专业。"制药工程专业导论"是高等学校制药工程专业（本科）的入门课和学习引导课。构建并完善这门课程，对制药工程专业人才培养非常有必要。

    教育部高等学校药学类专业教学指导委员会制药工程专业分委员会的调研报告表明，"药味"不足和"工科属性"不明显是本专业办学存在的较普遍现象。笔者认为，从制药工程专业大一新生就开始药学基础教育，强化专业教学与医药产业的联系，应是弥补上述不足的重要举措。

    对制药工程专业新生的学情调查发现，同学们普遍存在三个学习方面的疑问：①本专业大学四年学什么？②学了本专业今后有什么用？③现在怎么学？

    基于上述思考，本书编写做了如下尝试。

    首先，在教学内容选择上：①增加药学基础知识，适当精简制药工程学科知识，推进理工知识融合，帮助学生构建大药学知识框架；②面向医药全产业链，逐一介绍各环节的主要任务、相关职业及其需要掌握的学科知识，打通上下游各环节之间的隔阂，向学生展示其未来工作的大舞台；③大幅增加制药工程专业教育和学业内容方面的介绍，理顺专业课程体系的逻辑关系，并提供专业学习建议。

    其次，在教学内容编排上：教材按一条主线，即"药品—药品制造—医药产业链—制药工程师"展开，循序渐进以适应新生的认知水平。例如，在"药品"一章，介绍药品与药学基础知识；在"药品制造"一章，介绍化学制药、中药制药、生物制药与药物制剂等工艺过程；"医药产业链"内容较多，因此将其分为两章，分别介绍上游药物发现、药物临床前研究、药物临床研究，以及下游制药过程开发与设计、药品生产、药品流通、药品应用和药事管理等环节的主要任务、相关职业及其需要掌握的学科知识；在"制药工程师"一章，按"产业需要—培养目标—毕业要求—课程设置"的逻辑关系，以及课程之间的支撑关系，介绍培养方案和课程体系，并在此基础上给出专业学习建议。

    最后，在编写人员组织上：本书为国家级一流本科专业建设成果教材和江苏省产教融合型品牌专业建设配套教材，诚邀了多位产业教授共同编写，以吸纳医药产业最新案例资料。

    本书共六章，由王车礼任主编，马晓明、严生虎、王建浩、陈俊名任副主编。具体编写分工如下：第一章绪论由王车礼编写；第二章药品由吕金鹏、夏宗玲、王车礼编写；第三章药品制造由陈俊名、王建浩、王车礼编写；第四章医药产业链上游由董春萍、马晓明、王车礼编写；第五章医药产业链下游由陈俊名、刘旻虹、王车礼编写；第六章制药工程师由从扬、严生虎、王车礼编写；最后由王车礼统稿。

江苏亚邦药业集团、常州四药制药有限公司、常州市阳光药业有限公司、扬子江药业集团紫龙分公司、康宁反应器技术有限公司、江苏创健医疗科技有限公司、常州市食品药品纤维质量监督检验中心、常州市第一人民医院药学部、常州市第二人民医院药学部、孟河医派传承书院等单位的专家先后参与本门课程的教学，或在本书编写过程中提供了宝贵的建议和帮助，在此表示感谢。此外，本书在编写中参考引用了部分相关文献，在此一并表示诚挚的感谢。

由于笔者水平有限，时间仓促，加之医药科学技术与产业发展迅猛，书中疏漏之处在所难免，敬请广大读者批评指正。

王车礼
2024年10月于常州天琴湖畔

目录

第一章

绪论

学习目标

1. **掌握**：学科与专业、科学与工程、产业与职业等概念的含义。
2. **知晓**：本门课程的任务、主要内容和教学建议。
3. **理解**：制药工程学科和制药工程专业的内涵与区别。

案例导入

《雷公炮炙论》

《雷公炮炙论》是南北朝时期雷敩撰写的中医药学著作。此书原载药物300种，每种药先述药材性状、与易混品种区别之要点，别其真伪优劣，是中药鉴定学之重要文献。《雷公炮炙论》为我国最早的中药炮制学专著，也是中国最早的制药专著。

《雷公炮炙论》三卷，书中称制药为修事、修治、修合等，记述净选、粉碎、切制、干燥、水制、火制、加辅料制等法，对净选药材的特殊要求亦有详细论述，如当归分头、身、尾；远志、麦冬去心等，其中有些方法至今仍被制药业所采用。

《雷公炮炙论》对后世影响极大，历代制剂学专著常以"雷公"二字冠于书名之首，反映出人们对雷氏制药法的重视与尊奉。

扫描二维码可
查看答案解析

案例问题：
1. 中国最早的制药专著是哪一部？说出其成书年代与作者。
2. 《雷公炮炙论》记述的制药方法有哪些？

第一节 什么是制药工程

什么是制药工程？为了更清晰地讨论这个问题，我们要先弄清几组相关术语的含义。

一、相关术语

1.学科与专业

学科与专业这两个术语的语义相近，常被连用或混用。但是，这两个术语的含义是有明显区别的。

（1）学科　通常有两个含义，一是指按照学问的性质而划分的门类，如自然科学中的物理学、化学、药学、制药工程学等；二是指学校教学的科目，如大学语文、高等数学、药物化学、制药工艺学等。前者为某类学问，后者为传授这门学问的课程。

（2）专业　在教育上，是指高等学校或中等专业学校根据社会专业分工的需要设立的学业类别，如制药工程专业、化学工程与工艺专业等。各专业的教学计划，体现本专业的培养目标和要求。

可以看出，学科的关键词是学问，所谓学问即正确反映客观事物的系统知识；而专业的关键词是学业，所谓学业即学习的功课和作业。

本课程定名为"制药工程专业导论"，而不叫"制药工程导论"，就是因为本门课不仅仅讲授制药工程学科知识，而是要从学业角度，介绍本专业四年学什么、怎么学，以及学了以后有什么用等同学们关心的问题。

2.科学与工程

（1）科学　是反映自然、社会、思维等的客观规律的分科的知识体系。它适应人们改造自然和社会的需要而产生和发展，是实践经验的总结。科学可分为自然科学和社会科学两大类，哲学是二者的概括和总结。科学用逻辑和概念等抽象形式反映世界。科学的任务是揭示事物发展的客观规律，探求客观真理，作为人们改造世界的指南。

（2）工程　通常有两个含义：一是将自然科学的原理应用到工农业生产部门中去而形成的各学科的总称，如化学工程、制药工程、生物工程等。这些学科是应用数学、物理学、化学和生物学等基础学科的原理，结合在科学实验及生产实践中所积累的技术经验而发展出来的。主要内容有：对于工程基地的勘测、设计、施工，原材料的选择研究，设备和产品的设计制造，工艺和施工方法的研究等。二是指具体的基本建设项目，如南京长江大桥工程、葛洲坝水利枢纽工程等。

科学与工程既有联系，又有区别。从上面的表述可以看出，就知识体系而言，工程侧重于自然科学原理的应用，以及与工农业生产相结合；而科学的任务是揭示事物发展的客观规律。

这里顺便提一下与此相近的两个术语：工科与理科。工科，教学上对有关工程学科的统称；理科，教学上对物理、化学、数学、生物等自然学科的统称。目前很多学校都设有制药工程和药学两个本科专业。前者为工科专业，学生毕业时获工学学士学位；后者为理科专业，学生毕业时获理学学士学位。

3.产业与职业

（1）产业　指各种生产、经营事业。包括第一产业、第二产业和第三产业。按我国国家统计局对三次产业的划分，第一产业指农业（包括林业、牧业、渔业等），第二产业指工业（包括采掘业、制造业、自来水、电力、蒸汽、热水、煤气）和建筑业，第三产业指为第一产业和第二产业的发展提供基本服务的部门，包括第一、第二产业以外的其他各业。有时，产业特指工业，如产业革命。

（2）职业　个人在社会中所从事的作为主要生活来源的工作。

从上面的表述可以看出，产业有很多类别和领域，职业是个人在某类别产业或产业领域中从事的一份工作。

制药不仅属于第二产业（制造业），还涉及第一产业（药材生产）和第三产业（研发、设计、经营和监管等），形成完整的医药产业链。制药工程专业的毕业生可以在医药产业链的某一环节找到自己心仪的工作岗位。

下面我们进一步讨论制药工程的含义，主要从学科（学问类别）和专业（人才培养）两个方面开展讨论。

二、制药工程学科与专业

1.制药工程学科——新型交叉学科

制药工程学科是综合运用化学、药学（含中药学）、化学工程与技术、生物工程等相关学科的原理与方法，研究解决药品规范化生产过程中的工艺、工程、质量与管理等问题的工学学科。

制药工程学科为新型交叉学科。在学科归属上，国内很多高校在工学门类的化学工程与技术一级学科下设立制药工程二级学科。另外，中国药学会则在药学学科下设立制药工程学分支学科。

针对制药工业的不同领域，制药工程学科自身也相应地产生、发展了一些分支学科或方向，如化学制药工程学、生物制药工程学、中药制药工程学、药物制剂工程学、药品生产质量管理工程学等。

其中：

（1）化学制药工程学　是以化学、药学、工程学、管理学及相关管理法规为基础，涉及化学药物的研发、生产和运营管理等相关领域，尤其侧重于利用技术手段解决化学药物生产过程中的工程技术问题，实现化学药物的规模化生产的一门新兴交叉应用学科。

（2）生物制药工程学　是指利用生物体或生物过程生产药物的一门新兴学科，包含微生物制药工程学和以基因工程为核心组合运用细胞工程、酶工程、发酵工程和蛋白质工程的现代生物制药工程学。

（3）中药制药工程学　是研究中药制药工业过程规律及解决生产实践中单元操作系统中的工程技术问题的一门应用科学。

（4）药物制剂工程学　是一门以药剂学、工程学及相关科学理论和技术为基础，并综合了制剂生产实践的应用学科，其主要研究目标是如何规模化、规范化地生产制剂产品。

2.制药工程专业——新工科重要专业

制药工程专业的培养目标是：培养掌握本专业及相关学科的基本理论和专业知识，具有创新意识、创业精神和职业道德，具备分析、解决复杂工程问题的能力及创新创业能力，能够在制药及相关领域从事科学研究、技术开发、工艺与工程设计、生产组织、管理与服务等工作的高素质专门人才。

制药工程专业具有以下特点：

（1）专业特殊重要　在教育部颁布的《普通高等学校本科专业目录（2024年）》中，药学大类专业，也称涉药学专业，共有16个（包括药学类全部8个专业，中药学类全部6个专业，化工与制药类下设的制药工程专业，生物工程类下设的生物制药专业）。这16个专业中有5个是基本专业，具体为：药学、药物制剂、中药学、中药资源与开发以及制药工程。5个基本专业中，只有制药工程专业可授工学学士学位，其余4个专业均授理学学士学位。由此可见，制药工程专业的特殊重要性。

（2）学业任务繁重　依据中国工程教育专业认证协会发布的《工程教育认证标准（Engineering Education Accreditation Criteria）（T/CEEAA 001—2022）》，制药工程专业课程体系包括的课程有以下5类。

① 数学与自然科学类课程　如高等数学、线性代数；大学物理；无机化学、分析化学、物理化学、有机化学；生物化学、微生物学；计算机与程序设计等。

② 工程基础类课程　如工程制图与CAD、电工电子学、仪表与自动化、机械设备基础等。

③ 专业基础类课程与专业类课程　如药物化学、药剂学、药理学、药物分析、化工原理、制药设备与车间设计、制药工艺学、制药过程安全与环保、药品生产质量管理工程、创新创业导论等。

④ 工程实践与毕业设计（论文）类课程　如生产实习、毕业设计等。

⑤ 人文社会科学类通识教育课程　如大学英语、"两课"等。

可以看出，制药工程专业学生的学业不仅有专业类课程（制药工程学科），还包括专业基础类课程、工程基础类课程、数学与自然科学类课程、人文社会科学类通识教育课程等，学业任务非常繁重。

（3）就业前景广阔　2018年教育部颁布的《化工与制药类教学质量国家标准（制药工程专业）》从宏观上给出了制药工程专业毕业生的就业领域和工作类别：

① 就业领域　制药及相关领域。

② 工作类别　可从事科学研究、技术开发、工艺与工程设计、生产组织、管理与服务等工作。

制药产业为朝阳产业，学好制药工程专业，就业前景广阔。

第二节　本课程的任务、内容和教学建议

一、课程任务

"制药工程专业导论"是高等学校制药工程专业（本科）的一门专业入门课和学习引导课。本课程旨在回答本专业大学一年级新生常见的三个学习困惑：

（1）制药工程专业学什么？

（2）学了制药工程专业有什么用？

（3）怎样才能学好制药工程专业？

也就是说，本书就是为回答同学们上述疑问而编写的。

二、教材内容

全书共分六章。第一章"绪论"主要介绍制药工程学科和制药工程专业的含义、联系与区别，以及本课程的任务、内容和教学建议。之后各章按"药品—药品制造—医药产业链—制药工程师"这条主线，循序展开讨论。其中，第二章"药品"，主要介绍药品和药品质量的含义、药品的特殊性，以及药学基础知识；第三章"药品制造"，主要介绍制药过程的阶段划分及其特点，化学制药、中药制药、生物制药与药物制剂的简要工艺流程，以及制药设备与GMP初步知识；第四章"医药产业链上游"主要介绍药物发现、药物临床前研究和药物临床研究三个环节的主要任务、相关职业（岗位）及其需要掌握的学科知识；第五章"医药产业链下游"主要介绍制药过程开发与设计、药品生产、药品流通、药品应用和药事管理五个环节的主要任务、相关职业（岗位）及其需要掌握的学科知识；第六章"制药工程师"，按"产业需要—培养目标—毕业要求—课程设置"的办学逻辑，介绍专业培养方案；按照课程之间的支撑关系，讲解专业课程体系；最后给出专业的学习建议。

三、教学建议

建议采取理论教学、现场教学和学生课外调研相结合的教学方法。

（1）理论教学　本门课程为制药工程专业的学习引导课，重在帮助学生构建专业知识体系的初步框架，知晓大学四年要学习哪些课程，以及这些课程有怎样的衔接关系。课程介绍的知识宜宽不宜深。不仅要介绍制药工程学科知识，也要介绍药学知识，还要介绍医药产业链知识，更要帮助学生改进学习方法。考虑到新生的接受能力，建议教师讲解时多采用浅显的案例。

（2）现场教学　制药工程专业是一门实践性强、与医药产业联系紧密的工科专业。本门课程的教学应高度重视产教融合，建议组织现场教学或结合专业认识实习开展教学。本书给出了参观生物医药企业、三甲医院药学部和食品药品监督检验机构等实例，供大家参考。

（3）课外调研　同学们要尽快摆脱可能存在的中学应试教育模式的影响，改进学习方法，积极开展小组学习、探究式学习等。建议同学们自行组织起来，走进药厂、药店、药检所和医药研究院、设计院，开展实地调研，并形成报告与其他同学共享。本书附录1推荐了若干课外调研课题，供同学们挑选。若同学们自拟调研课题，则更好。

📝 学习小结

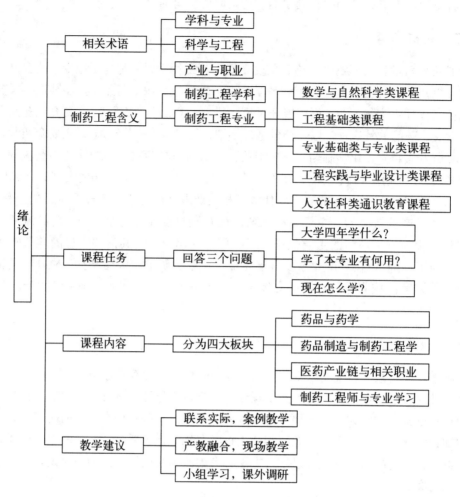

绪论
- 相关术语
  - 学科与专业
  - 科学与工程
  - 产业与职业
- 制药工程含义
  - 制药工程学科
  - 制药工程专业
    - 数学与自然科学类课程
    - 工程基础类课程
    - 专业基础类与专业类课程
    - 工程实践与毕业设计类课程
    - 人文社科类通识教育课程
- 课程任务
  - 回答三个问题
    - 大学四年学什么？
    - 学了本专业有何用？
    - 现在怎么学？
- 课程内容
  - 分为四大板块
    - 药品与药学
    - 药品制造与制药工程学
    - 医药产业链与相关职业
    - 制药工程师与专业学习
- 教学建议
  - 联系实际，案例教学
  - 产教融合，现场教学
  - 小组学习，课外调研

🧠 思考题

1. 简述学科与专业的区别。
2. 简述科学与工程的区别。
3. 简述制药工程学科的含义。
4. 制药工程专业课程体系包括哪几类课程？

扫描二维码可查看
思考题参考答案

📄 参考文献

[1] 教育部高等学校教学指导委员会. 普通高等学校本科专业类教学质量国家标准（上）[M]. 北京：高等教育出版社，2018.

[2] 中国工程教育专业认证协会. 工程教育认证标准（2024版）[S]. 2024.

（王车礼）

第二章

药品

学习目标

1. **掌握**：药品的定义、分类，药品的特殊性与药品质量概念。
2. **知晓**：药物化学、药剂学、药物分析学、药理学等药学二级学科的定义、研究对象和主要任务。
3. **了解**：我国医药的起源与发展；国外医药的起源与发展；药学的发展趋势。

案例导入

屠呦呦与青蒿素

疟疾曾是严重的世界性传染病，每年感染数亿人，导致几百万人死亡。20世纪60年代，引发疟疾的寄生虫（疟原虫）对当时的常用抗疟药奎宁已经产生了比较强的耐药性，情况非常严重。

1967年5月23日，我国政府启动"523项目"，旨在找到具有新结构、克服抗药性的新型抗疟药物。我国7个省市、60多家科研机构、超过500名科研人员协力攻关。

1969年1月，屠呦呦以中国中医研究院科研组长的身份，参加了"523项目"，开始抗疟中药研究。经过大量反复筛选研究，1971年起工作重点集中于中药青蒿。因实验多次失败，屠呦呦再次翻阅古代文献。1971年9月，《肘后备急方》中的一段文字"青蒿一握，以水二升渍，绞取汁，尽服之"，引起了她的注意，她重新设计了提取方法，改用低温提取，采用乙醚回流或冷浸，再用碱液除掉酸性部位的方法制备样品。1971年10月4日，她发现这种提取物对疟原虫的抑制率达到100%。1972年8～10月，她开展了青蒿乙醚中性提取物的临床研究，30例恶性疟和间日疟患者全部显效。同年11月，从该部位中成功分离得到抗疟有效单体化合物的结晶，后命名为"青蒿素"。图2-1为青蒿素的分子结构式。

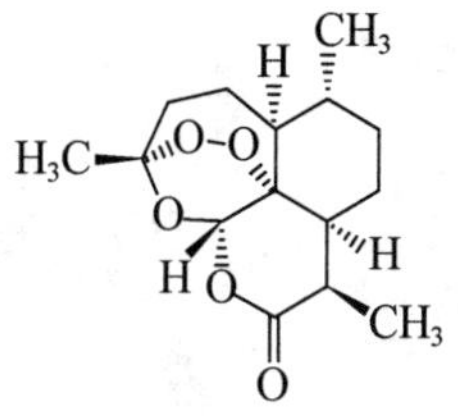

屠呦呦发现的青蒿素，开创了治疗疟疾新方法，全球数亿人因这种"中国神药"而受益。2015年10月5日，瑞典卡罗琳

图2-1 青蒿素分子结构式

医学院宣布，将2015年诺贝尔生理学或医学奖授予中国中医科学院药学家屠呦呦等三名科学家，以表彰他们对疟疾等寄生虫病机制和治疗的研究成果。

扫描二维码可
查看答案解析

案例问题：

1. 青蒿素是在怎样的背景下开始研发的？
2. 屠呦呦在青蒿素发现过程中，做了哪些突出贡献？
3. 青蒿素药品的成功研制给了我们哪些启示？

第一节　医药的起源和发展

一、我国医药的起源和发展

1.先秦时期

我国医药起源很早。古人在长期的生产和生活实践中，逐渐认识了某些植物、动物和矿物的治疗作用。《淮南子》记载，神农氏"尝百草之滋味，水泉之甘苦，令民知所辟就。当此之时，一日而遇七十毒"。这段文字生动地概括了药物发现的实践过程。

早在夏代和商代，中国就发明了酒和汤液。图2-2为盛行于商晚期到西周时期的大型盛酒器——罍。

周代的《诗经》《山海经》等著作中，已收载许多种药物。其中，《诗经》记载药物100余种，如苍耳、车前草、梅、茅、苇、苦菜、菟丝子、益母草、芹菜等；《山海经》记载药物124种，药物使用方法包括"服、食、佩、卧、浴、涂抹"等。

1973年长沙马王堆三号汉墓发现14种古医书，内容涉及医经、经方、房中、神仙四类医学文献，填补了我国先秦时期医学史料缺乏的空白。其中文字最多者为图2-3所示马王堆帛书《五十二病方》。该书成书于公元前3世纪，记载药物247种，是一部首尾完具的医学方书，也是迄今发现的最古医方。它是《黄帝内经》《神农本草经》《伤寒杂病论》之前很重要的一部反映我国医学发展水平与成就的经方文献。著名的中医文献学家马继兴先生认为其著成年代"早于《黄帝内经》的纂成时期"。

图2-2　商周时期大型盛酒器——罍

图2-3　马王堆帛书《五十二病方》

2.秦汉时期

秦汉时期是我国古代医药学奠基时期，出现了《神农本草经》《伤寒杂病论》等一系列著作，以及张仲景、华佗等一批著名医药学家。成书于公元1～2世纪的《神农本草经》是我国现存最早的药物学专著，收录药物365种。《伤寒杂病论》则是我国第一部将医学理论与治疗实践紧密结合的医学典籍，奠定了医学理论与药物应用有效结合的基础，书中有药方114个，药物80余种。

3.魏晋南北朝时期

魏晋时，葛洪著有《肘后备急方》，收载药物约350种，其中植物药200种，动物药70种，矿物药和其他药70余种。

南北朝时，雷敩著有《雷公炮炙论》，此书记载药物300种，是中药鉴定学之重要文献，也是中国最早的制药专著。

南北朝时，陶弘景将《神农本草经》加以整理补充，汇编成《本草经集注》，收载药物730种，其中新增药物365种。

4.唐宋时期

公元659年，唐朝政府组织苏敬等20余人编写《新修本草》。该书收载药物850种，是我国第一部由国家颁布的药物学权威著作，被称为世界上最早的一部国家药典。

孙思邈是隋唐时期杰出的医药学家，他的著作《千金要方》仅药方就收载了5300余个。他被后世称为"药王"，千百年来一直受到人们的尊敬。

宋代，科学技术日益发达。公元973年，宋朝政府刊印了《开宝本草》，记载药物984种。1061年颁布了《嘉祐补注本草》，收载药物1082种。在宋代所有本草中，最宏伟精湛者，当数四川唐慎微编的《经史证类备急本草》，书中共收载药物1558种。此书所载药物众多，方药并举，超过以往的官修本草。此后宋朝政府又先后颁发了《太平圣惠方》和《太平惠民和剂局方》等药学著作。

5.金元时期

金元时期出现了刘完素、张从正、李东垣和朱震亨四大医家。其中，朱震亨撰《局方发挥》，影响深远。

朱震亨（1281～1358年），婺州义乌（今浙江义乌）人，因其故居有条美丽的小溪，名"丹溪"，学者遂尊之为"丹溪先生"。朱震亨医术高明，临证治疗效如桴鼓，多有服药即愈不必复诊之例，故时人又誉之为"朱半仙"。

6.明清时期

明代李时珍所著的《本草纲目》，集历代本草之大成，内容丰富，传播海内外，成为世界研究药学和生物学的宝贵参考资料。《本草纲目》全书共52卷，约190万字，共收载药物1892种，附方约11000个，附图1000余幅，被译成英、日、朝、德、法、俄和拉丁七种文字，被称为"16世纪中国的百科全书"。

1840年鸦片战争后，西方医药大量传入，在传统医药之外逐步形成了另一个医药体系。

7.民国时期

民国初期创办的中医学校、学院、讲习所、函授社等达118所，主要分布在江浙沪、广东、福建、北京等地。较为著名的中医院校有：上海中医专门学校（1915～1948年）、上海中国医学院（1927～1948年）、上海新中国医学院（1935～1947年）、浙江中医专门学校（1915～1937年）和兰溪中医专门学校（1919～1937年）等。

在创办院校的同时，中医名家亦组织编写了许多教材，如丁甘仁为上海中医专门学校编写的《医经辑要》、恽铁樵编写的《内经讲义》、秦伯未编写的《国医讲义六种》等。

二、国外医药的起源和发展

1.古巴比伦、古埃及时期

公元前5000～4000年间，在两河流域产生了苏美尔文明，发明了楔形文字。公元前2000年，阿摩利伊人入侵两河流域，建立了古巴比伦王国。1901年考古发掘出一根玄武岩石柱，上面用楔形文字刻着公元前1800年汉谟拉比王制定、颁布的古巴比伦法典。其中一些条文涉及医疗活动，还记载了常用的植物药、动物药和矿物药。

公元前3500年，古埃及就有了象形文字，许多古老文献包括医药史料，多以纸草书的形式保存下来。其中，抄写于公元前1522年的《埃伯斯纸草书》（Ebers Papyrus）被认为是世界上最早的药物治疗手册之一。该书收载了700余种药物和800余个处方。

2.古希腊、古罗马时期

公元前11世纪，古希腊已有医药记载。出生在古希腊一个小岛上的希波克拉底（Hippocrates）对古代医药学做出了巨大贡献。他主张将医药学从庙堂医学、祭祀中解放出来。他信奉自然痊愈的力量，强调用药的目的是帮助患者恢复自然。在他的著作中提到了500多种药物。

古罗马人继承和发扬了古希腊的医药成果。公元40～90年，古罗马出现了第一个药物学家迪奥斯科里德斯（Dioscorides）。他于公元77年写成了《药物学》，记载药物900余种。该书成为药物学的重要文献，对后世影响较大。

公元200年左右，古罗马出现了一位继希波克拉底之后西方古代最有影响的医药学家盖伦（Galen）。盖伦一生从事医学研究，对药物研究也有较大的贡献。他的药学著作记载了540种植物药、180种动物药及100种矿物药。盖伦注重使用生药，并强调按季节、地区及气候用药。后人为纪念他，把用浸出方法制备的药剂称为盖伦制剂。

3.中世纪

中世纪欧洲饱受战乱，医药中心发生转移。阿拉伯人继承了古希腊和古罗马的医药遗产，并吸收了中国、印度和波斯等国的医药经验，形成了阿拉伯医药学。阿维森纳（Avicenna，980～1037年）收集整理了当时欧、亚、非洲的大部分医药知识，编写了《医典》。《医典》分五大卷，其中第五卷记述了药物的成分及其制法，记载药物800余种，分类记述了常用药物的功效、组成、适应证、剂量、用法和毒性。

公元12～13世纪，阿拉伯鼎盛时期出现了许多医药学者。贝塔尔（1197～1248年）是他们的杰出代表。他编写的《药用植物大全》一书，记载药物1400种，其中300种为新增药物。

12世纪，欧洲开始出现商店形式的药房。1240年，费雷德里克二世颁布法令，将医师和药师这两个行业分开。1498年，意大利佛罗伦萨学院出版《佛罗伦萨处方集》。这被视为欧洲第一部法定药典。其后，许多城市纷纷编订具有法律约束力的药典。

4.近代和现代

18世纪起，世界文明中心逐渐移向欧洲。科学家应用化学知识提取、分离纯化天然药物。

18世纪，瑞典药剂师席勒在药房开展化学研究，发现了酒石酸、尿酸、草酸、乳酸、五倍子酸等有机酸，以及高锰酸钾、氰化钾等无机化合物。

19世纪，化学已发展到了相当高的程度。1805年，从阿片中分离出吗啡；1817年，从吐根中提取到吐根碱结晶；1823年，从金鸡纳树皮中分离得到奎宁；1828年，合成了草酸和尿素；1833年，从颠茄和洋金花中提取出阿托品；1859年，合成了水杨酸。

图2-4　弗莱明

19世纪中叶以后，由于染料等化学工业的发展，人们以煤焦油产品或染料工业中间体与副产品为原料，进行了大规模的药物生产。这一时期的药品有安替匹林、阿司匹林、非那西丁、苯酚、水合氯醛等。

20世纪初，在药物研究中，人们通过改变化学结构获得更为广阔、有效的化学药物的药源。1935年，德国化学家研制出了百浪多息。此后，人们又相继合成了磺胺类似物，开发出磺胺类抗菌药。

1928年，弗莱明（图2-4）发现了青霉素；1940年，人们开始生产青霉素。

20世纪40～60年代，人们成功制得了维生素、抗生素、激素和治疗恶性肿瘤的药物。在抗肿瘤药物研制方面：1946年发现了氮芥；20世纪50年代研制出了卡莫司汀、巯嘌呤、氟尿嘧啶、氨甲蝶呤等。

20世纪60～70年代开发出了长春新碱、三尖杉酯碱、喜树碱，以及丝裂霉素、多柔比星、博来霉素、柔红霉素等抗癌药物。

20世纪70年代后，随着生物科学和生物工程技术的不断发展，生物技术在药品生产领域得到广泛应用。最近20年，医药生物技术制品已从实验研究走向应用研究和商品化，一些国家采用生物技术研发新的医药产品，生产出了许多价廉、特效、毒副作用小的生物新药。

第二节　药品的定义及分类

一、药品的定义

据《词源》，"药"有以下两种含义：一是指"治病草也"。古时人们认为，凡可以治病者，皆谓之药，并以草、木、虫、石、谷为五药。例如，人参属草类，有大补元气、回阳救逆的功效；黄柏属木类，可清湿热；蝎子属虫类，能震惊熄风、攻毒散结；石膏属矿石类，有清热泻火的作用；麦芽属谷类，具有养心益气的作用。二是指"术士服饵之品"，即古时术士们所用的健身防老的仙丹之类，在今天可理解为用于防病健身的保健品。

《中华人民共和国药品管理法》关于药品的定义是：药品是指用于预防、治疗、诊断人的疾病，有目的地调节人的生理机能，并规定有适应证或者功能主治、用法和用量的物质，包括中药材、中药饮片、中成药、化学原料药及其制剂、抗生素、生化药品、放射性药品、血清、疫苗、血液制品和诊断药品等。

二、药品的分类

药品的分类方法很多，这里介绍常见的几种分类方法。

（一）按药品的来源分类

药品来源一是自然界，二是人工制备。按此常分为：

（1）天然药物　来自自然界的药物称为天然药物，包括中药及一部分西药；

（2）化学药物　来自人工制备的药物为化学药物，包括大部分西药。

（二）按药品使用目的（用途）分类

该分类法可将药品分为：

（1）治疗药品；

（2）预防药品；

（3）诊断药品；

（4）计划生育药品。

（三）按使用方法分类

可将药品分为：

（1）口服药；

（2）外用药；

（3）注射用药等。

（四）根据药物作用于人体系统的部位分类

可分为：

（1）主要作用于中枢神经系统的药物；

（2）主要作用于传入或传出神经末梢部分的药物；

（3）主要作用于内脏系统的药物；

（4）影响血液和造血系统的药品；

（5）影响生长代谢功能的药品等。

（五）从药品管理（法律法规）角度分类

1.传统药和现代药

（1）传统药（traditional drugs）　是指各国、地区、民族传承的民族文化固有的药物，包括植物药、矿物药、动物药，其发现、生产、应用均基于传统医学的经验和理论。

（2）现代药（modern drugs）　一般指19世纪以来发展起来的化学药品（合成药品、抗生素、生化药品、放射性药品等）、生物制品（血清、疫苗、血液制品等）。

2.处方药和非处方药

（1）处方药（prescription drugs）　是指凭执业医师和执业助理医师处方，方可购买、调配和使用的药品。

（2）非处方药（over the counter drugs，OTC drugs）　是指由国务院药品监督管理部门公布的，不需要凭执业医师和执业助理医师处方，消费者可以自行判断、购买和使用的药品。

根据药品的安全性，还可以将非处方药分为甲、乙两类。甲类非处方药的安全性低于乙类非处方药。

3.新药、仿制药和医疗机构制剂

（1）新药（new drugs）　是指未在中国境内外上市销售的药品。新药分为创新药和改良型新药。

（2）仿制药（generic drugs）　是指仿制与原研药品质量和疗效一致的药品。仿制药质量和疗效应与原研药品一致。

（3）医疗机构制剂（pharmaceutical preparations）　指医疗机构根据本单位临床需要而依法常规配制、自用的固定处方制剂。

4.国家基本药物、医疗保险用药和新农合用药

（1）国家基本药物（national essential medicines）　指那些满足人群卫生保健优先需要、必不可少的药品。

（2）医疗保险用药　指医疗保险、工伤保险、生育保险药品目录所列的，保险基金可以支付一定费用的药品。

（3）新农合用药　指新型农村合作医疗基金可以支付费用的药品。

5.特殊管理的药品

特殊管理的药品（the drugs of special control）是指国家制定法律制度，实行比其他药品更加严格管制的药品，如麻醉药品（narcotic drugs）、精神药品（psychotropic substances）、医疗用毒性药品（medicinal toxic drugs）、放射性药品（radioactive pharmaceuticals），参见图2-5 特殊管理药品标识。

图2-5　特殊管理药品标识

✍ **知识拓展** ··

国产创新药艾米替诺福韦片（TMF）

艾米替诺福韦片是中国首个原研口服抗乙肝药物，由翰森制药自主研发，其主要成分为富马酸艾米替诺福韦。

艾米替诺福韦片于2021年6月在国内正式上市，主要用于慢性乙型肝炎成人患者的治疗，能缓解该疾病引起的胸肋胀痛、全身乏力、黄疸、厌食、肝脏疼痛等不适症状。患者坚持用药一段时间后，肝脏内的病毒载量得到有效控制，肝功能也可在一定程度上得到改善。

艾米替诺福韦片的主要优点有：

（1）抗病毒能力强，可抑制乙肝病毒的复制，有效控制病情；

（2）细胞膜穿透性强，容易进入肝细胞，实现精准治疗；

（3）在血浆中稳定性好，治疗效果持久；

（4）安全性相对较高，长期使用不会对骨密度和肾脏健康产生太大影响。

艾米替诺福韦片，作为国内唯一具有自主知识产权的口服抗乙肝病毒药物，填补了国内该领域的空白，解决了乙肝治疗领域长期依赖进口药物的"卡脖子"问题。

第三节 药品的特殊性与药品质量

药品具有商品的一般属性，通过流通渠道进入消费领域。在药品生产和流通过程中，基本经济规律起着主导作用。但是，药品又是极为特殊的商品，人们不能完全按照商品的经济规律来对待药品，必须对药品的某些环节进行严格控制，才能保证药品的安全、有效。

一、药品的特殊性

1.药品的专属性

表现在对症治疗，患什么病用什么药。处方药必须在医生的检查、诊断、指导下合理使用。非处方药必须根据病情，患者自我判断、合理选择药品，并按照药品说明书、标签的说明使用。

2.药品的两重性

药品有防病治病的一面，也有不良反应的一面。管理有方，用之得当，可以治病救人，造福人类；若失之管理，用之不当，则可致病，危害人体健康，甚至危及人的生命。

3.药品质量的严格性

药品是治病救人的物质，只有符合法定质量标准的合格药品才能保证疗效。药品只能是合格品，不能分为一级品、二级品、等外品和次品。

4.药品的时限性

人们只有防病治病时才需要用药。但药品生产、经营部门平时就应有适当储备。只能药等病，不能病等药。有些药品虽然需用量很少、有效期短，宁可报废，也要有所储备；有些药品即使无利可图，也必须保证生产。

二、药品质量

1.药品质量概念

药品质量是指药品的一些固有特性可以满足防治和诊断疾病等要求的能力及程度，即药品的物理学、化学、生物学指标符合规定标准的程度。药品质量特性包括有效性、安全性、稳定性和均一性等方面。

（1）有效性（effectiveness） 是指在规定的适应证、用法和用量的条件下，能满足预防、治疗、诊断人的疾病，有目的地调节人的生理功能的要求。有效性的表示方法，在我国采用"痊愈""显效""有效"来区别。

（2）安全性（safety） 是指按规定的适应证和用法、用量使用药品后，人体产生毒副作用的程度。大多数药品均有不同程度的毒副作用。

（3）稳定性（stability） 是指在规定的条件下保持药品有效性和安全性的能力。这里所指的规定条件一般是指规定的有效期内，以及生产、储存、运输和使用的要求。

（4）均一性（uniformity） 是指药物制剂的每一单位产品都符合有效性、安全性的规定要求。

2.药品质量标准

（1）定义　药品质量标准是对药品质量规格和检验方法所作的技术规定，是药品现代化生产和质量管理的重要组成部分，简称药品标准。

药品标准是药品生产、供应、使用、检验和监督管理部门共同遵循的技术依据，是控制药品质量的法定依据。

（2）我国药品质量标准体系　我国药品质量标准体系包括：法定标准和非法定标准，临时性标准和正式标准，内部标准和公开标准等。

① 法定药品质量标准　包括《中华人民共和国药典》（以下简称《中国药典》），国家食品药品监督管理部门药品标准（简称局颁标准）。

② 临床研究用药品质量标准　根据《中华人民共和国药品管理法》的规定，已在研制的新药，在临床试验或试用之前，应先取得国家药品监督管理局的批准。为了保证临床试验用药安全，新药研制单位需制定并由国家药品监督管理局批准一个临时性的质量标准，即所谓的临床研究用药品质量标准。该标准仅在临床试验期间有效，并且仅供研制单位与临床试验单位使用，属于非公开的药品标准。

③ 暂行与试行药品标准　我国化学药品的一～三类新药经临床试验或试用之后，报试生产时所制订的药品标准叫"暂行药品标准"。该标准执行两年后，如果药品质量稳定，该药转为正式生产，此时的药品标准叫"试行药品标准"。该标准执行两年后，如果药品质量仍然稳定，经国家药品监督管理局批准转为局颁标准。四类、五类新药经临床使用后，没有"暂行药品标准"这一阶段，其他要求同一～三类新药。

④ 企业标准　由药品生产企业自行制订并用于控制其药品质量的标准，称为企业标准或企业内部标准。它是非公开标准，仅在本厂或本系统的管理上有约束力，属于非法定标准。

（3）药品质量标准的主要内容

这里以化学药品为例加以说明。根据品种和剂型的不同，化学药品的质量标准的每一个品种项下，按顺序分别列有：

①名称；　　　　　　　　　　　⑤检查；

②化学结构式；　　　　　　　　⑥含量测定；

③性状；　　　　　　　　　　　⑦贮藏。

④鉴别；

3.药品质量控制

药品质量控制，涉及药物研制、生产、贮运、供应、调配和应用等各个环节，要做到事前预防，过程控制，事后检验。

（1）临床前研究　执行《药物非临床研究质量管理规范》（good laboratory practice for non-clinical laboratory studies，GLP）；

（2）临床试验　执行《药物临床试验质量管理规范》（good clinical practice，GCP）；

（3）中药材种植　执行《中药材生产质量管理规范》（good agriculture practice for Chinese Crude drugs，GAP）；

（4）药品生产　执行《药品生产质量管理规范》（good manufacturing practice，GMP）；

（5）药品经营　执行《药品经营质量管理规范》（good supply practice，GSP）。

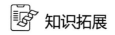 知识拓展

沙利度胺事件

20世纪50年代后期，原联邦德国格伦南苏化学公司生产了一种镇静药沙利度胺（Thalidomide，又称反应停），可减轻妇女怀孕早期出现的恶心、呕吐等反应。1957年该药首先在德国销售，随后又陆续在英国、瑞士、瑞典、澳大利亚、日本等28个国家上市。实际上，该药有严重的致畸作用，可导致新生儿出现"海豹肢"畸形。畸形婴儿由于臂和腿的长骨发育短小，看上去手和脚像直接连在躯体上，犹如鱼鳍，形似海豹肢体，因此被称为"海豹胎"。这种畸形婴儿同时伴有心脏和胃肠道的畸形，死亡率高达50%以上。

在"反应停"出售后的6年间，由此导致的畸形婴儿保守估计有15000例，其中8000例发生在德国和其他欧洲国家。另外，日本至1963年才停止使用"反应停"，也导致了1000多例畸形婴儿的出生。

第四节　研究药物的学问

一、药学的概念与学科特性

1.药学概念

药学（pharmacy）是研究药物的成分、开发、制备、检验、经营及管理的一门学科，是揭示药物与人体，或者药物与各种病原体相互作用及其规律的科学。

2.学科特性

（1）具有浓厚的自然科学性质　药学与数学、物理学、化学、生物学、医学的关系密切。当研究的对象局限于药物的作用机制、分析鉴定、生产制备时，其自然科学属性较强。

（2）具有社会科学性质　当药学的研究重点集中于应用时，药学体现了社会科学、人文科学性质。药品的流通、使用、管理涉及药品营销学、医院药学、药物经济学、药事管理学等分支学科，与行为科学、法学、经济学、心理学、伦理学、管理学等学科联系密切。

（3）研究范围广泛　药学涉及药物的来源、成分、性状、生物活性、作用机制、分析检验、研制、生产、经营、使用、管理等方面，范围广、环节多。

（4）系列分支学科多　药学是一个庞大的科学体系，它和化学、生物学、基础医学、临床医学等学科一样，都是一级学科。药学包括药物化学、药理学、药剂学、药物分析学、生药学、微生物和生化药学、药事管理学等分支学科——二级学科；这些二级学科与其他学科相互交叉和渗透，又分化和派生出新的分支学科——三级学科，参见表2-1。

在药学、制药工程等本科专业的课程体系中，设置有和某些药学二级学科同名的课程，用以讲授这些二级学科的基本知识与技能。

二、药学的主要二级学科

这里主要介绍药物化学、药理学、药物分析学和药剂学。

一级学科	二级学科	三级学科
药学	药物化学	合成药物化学
		生物合成药物化学
		天然药物化学
		药物设计学
	药理学	肿瘤药理学
		中药药理学
		抗炎免疫药理学
		生化分子药理学
		药物代谢药理学
	药物分析学	药物色谱分析
		药物光谱分析
		体内药物与毒物分析
		中药分析
		生物制药分析
	药剂学	工业药剂学
		临床药剂学
		药物传递
		物理药剂学
		生物药剂学与药物动力学
	生药学	分子生药学
		药用植物栽培学
		植物生理生态学
	微生物与生化药学	微生物技术
		细胞生物学
		植物药物代谢工程

（一）药物化学

药物化学（medicinal chemistry）是关于药物的发现、发展和确证，并在分子水平上研究药物作用方式的一门学科，是建立在化学学科基础上，并涉及生物学、医学等多个学科的内容。

1.药物化学主要研究内容

（1）基于生物学科研究所揭示的潜在药物靶点（target），参考其内源性配体或已知活性物质的结构特征，设计新的、有效的活性化学分子。

（2）研究化学药物的结构特征和理化性质。

（3）研究化学药物的制备原理、合成路线及其工艺稳定性。

（4）研究药物进入体内的生物效应、毒副作用及药物进入体内的生物转化。

（5）寻找和发现新药。设计和合成新药是药物化学的重要内容。

2.药物化学的主要任务

（1）不断探索研究和开发有价值的先导化合物（lead compound），对其进行结构改造和优化，研制出疗效好、毒副作用小的新药；改造现有药物或有效化合物以期待获得更为有效、安全的药物。

（2）实现药物的产业化。研究化学药物的合成原理、合成路线和生产工艺，选择和设计适应我国国情的产业化工艺。

（3）研究药物的理化性质、变化规律、杂质来源和代谢产物等，为质量标准制定、剂型设计和临床研究提供依据。

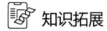 **知识拓展** ....

瑞德西韦

瑞德西韦（Remdesivir），一种核苷类似物，具有抗病毒活性，在 HAE 细胞中，对 SARS-CoV 和 MERS-CoV 的 EC_{50}（半数效应浓度）值为74nmol/L，在延迟脑肿瘤细胞中，对鼠肝炎病毒的 EC_{50} 值为30nmol/L。

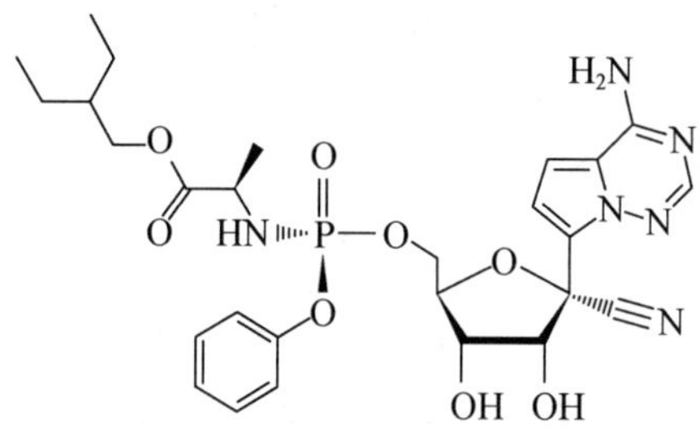

图2-6　瑞德西韦分子结构图

2020年5月7日，日本批准了美国吉利德科学公司研发的瑞德西韦作为国内首款新型冠状病毒感染治疗药物，用于重症患者治疗。

2020年10月22日，美国食品药品监督管理局（FDA）批准了吉利德科学公司的抗病毒药物瑞德西韦用于治疗新型冠状病毒感染住院患者，该药成为美国首个正式获批的新型冠状病毒感染治疗药物。图2-6为瑞德西韦分子结构图。

....

（二）药理学

药理学（pharmacology）是一门研究药物与机体（包括病原体）之间相互作用的规律和原理的学科。

1.药理学主要研究内容

（1）药效学（pharmacodynamics，PD）　主要研究药物对机体的作用及作用机制，即在药物影响下机体发生的变化及其机制。

（2）药物代谢动力学（pharmacokinetics，PK）　简称药物动力学、药动学，主要研究药物在机体的影响下所发生的变化规律，包括吸收、分布、代谢及排泄等药物的体内过程，即机体如何对药物进行处置，特别是血药浓度随时间而变化的规律。

药理学的主要研究对象是机体，它与药物化学、药剂学等其他药学学科有明显的区别。药理学是基础医学和临床医学、药学与医学之间的桥梁学科。

扫描二维码可查看"药理学研究内容示意图"。

2.药理学的主要任务

（1）阐明药物作用及其机制（这主要是药效学研究的任务）。

扫码看彩图

（2）阐明药物体内过程及其规律（这主要是药动学研究的任务）。

（3）指导临床合理用药。在临床诊断的前提下，根据药物药理学特点，制定合理的药物治疗方案，包括合理选药、剂量、给药途径、用药次数，同时还要考虑合并用药时药物间的相互作用，以及用药的个体化。

（4）开发新药，发现药物新用途。药理学的基础知识为新药研发和老药新用提供科学依据和保障。

（三）药物分析学

药物分析学（pharmaceutical analysis）是运用分析技术研究药物的质量及其控制规律，发展药物分析的方法，对药品进行全面质量检验和控制的一门学科，是药学的一个分支学科。

1.药物分析学的主要任务

（1）对药品质量进行常规检验。以药品质量标准为依据，对药物及其制剂在生产、贮存和临床使用等方面进行常规的质量控制和分析。

（2）在新药发现和开发过程中，提供方法、手段和技术支撑。

（3）在药物的工业生产过程、反应历程、生物体内代谢过程和综合评价等方面进行动态分析和监控。

（4）研究和探索中药复杂体系和适合多成分、多靶点的质量控制方法与质量评价体系。

（5）用于药物不良反应监测、运动员兴奋剂监测、刑事案件中药（毒）物分析和监测、保健食品分析等。

（6）在药物分析中，引用和开发新的方法和技术。

药物分析常常需要使用先进的仪器，图2-7为某药物分析实验室的一角。

图2-7　药物分析实验室一角

2.药品检验工作的基本程序

（1）取样　取样是药物分析的第一环节。从大量的药品中取出少量样品进行分析，取样必须有科学性、真实性和代表性。

（2）检验　检验可分为以下三种：

① 药物的鉴别　系指利用理化方法或生物学方法来判断药物及其制剂的真伪。

② 药物的检查　在药品质量标准中，检查项下包括反映药物安全性、有效性的试验方法和限度，以及均一性与纯度等制备工艺要求的内容。

③ 药物含量的测定　指测定药物中主要有效成分的含量（或效价）。

（3）留样　在接收检品进行检验时，必须按照规定留样，且留样数量不得少于一次全项检验的用量。

（4）记录与报告　药品检验及其结果必须有完整的原始记录。全部项目检验完毕，应写出检验报告，并根据检验结果给出明确结论。

（四）药剂学

药剂学（pharmaceutics）是研究药物制剂的基本理论、处方设计、制备工艺、质量控制和合理使用等内容的综合性应用技术科学，也是与药物的上市和临床应用最接近的研究领域之一。

药剂学的核心内容是将原料药物（化学药、中药、生物技术药物）制备成用于预防、治疗、诊断人的疾病，有目的地调节人的生理功能的药品（drugs）。药物用于临床时，不能直接使用原料药，必须制成具有一定形状和性质的剂型，以充分发挥药效、降低毒副作用、便于使用与保存等。

1.制剂学与调剂学

研究药物制剂的生产工艺和理论的学科称为制剂学（pharmaceutical engineering），属于工业药剂学的范畴。按照医师处方专为某一患者调制，并明确规定用法用量等的药物制剂过程称为调剂，研究该领域的理论、技术和应用的学科称为调剂学（science of preparation），属于临床药剂学的范畴。制剂学和调剂学总称为药剂学，但现代药剂学的研究内容以制剂学为主。

2.药剂学的主要任务

（1）研究药剂学的基本理论　药剂学的基本理论是指导药物制剂制备的基础，包括处方设计、制备工艺、质量控制、合理应用等方面的基本理论。如依据溶液形成理论、微粒分散体系理论及表面活性剂理论指导液体制剂的处方设计，提高液体制剂的稳定性；依据粉体学理论和溶出理论指导片剂、胶囊剂等口服固体制剂的处方设计，提高口服固体制剂中药物的溶出度及促进制剂的生产过程更高效。

（2）开发合理的剂型　剂型是药物应用的具体形式，剂型因素与药效学研究表明，除了药物本身的性质和药理作用外，具体剂型也直接影响药物的临床效果。药剂学的研究重点，已由原来的偏重于制剂工艺和表观质量的研究转向了剂型因素、体内关系及新型给药系统的研究。

（3）开发新辅料　辅料是制剂中除主药外的其他成分，对制剂的成型和药效的发挥具有至关重要的作用。它不仅赋予药物适于临床用药的一定形式，还可调节药物的释放速度、释放区域、靶向性、稳定性、药效等。

（4）开发制剂新技术　近几年来，蓬勃发展的微囊与微球制备技术、固体分散体制备技术、包合物制备技术、脂质体制备技术、纳米粒与亚微粒制备技术等，为新剂型的开发和制剂质量的提高奠定了技术基础。

扫描二维码可查看"脂质体结构示意彩图"。

扫码看彩图

（5）开发制剂新机械和新设备　制剂用的设备和机械是制剂生产的重要工具，制剂新机械和新设备的研究与开发，对制剂技术的发展和质量的提高有着重要的促进作用。

（6）开发中药新剂型　中药是我国宝贵的文化遗产，在继承和发展中药理论和中药传统制剂的同时，运用现代科学技术和方法开发现代化中药新剂型，是中药制剂走向国际市场的必由之路。

（7）开发生物技术药物制剂　生物技术药物为人类解决疑难病症提供了有希望的新途径，同时也给药物制剂的设计带来新的挑战。基因、核糖核酸、酶、蛋白质、多肽、多糖等生物技术药物普遍具有活性强、剂量小的优点，也同时具有相对分子质量大、稳定性差、吸收性差、半衰期短等缺点。寻求和发现适合于这类药物的长效、安全、稳定、使用方便的新剂型是药剂工作者面临的艰巨任务。

第五节　药学的发展趋势

一、针对重大疾病的药物研究

（1）抗肿瘤药物与心脑血管药物　目前排在人类死亡"疾病谱"最前列的是恶性肿瘤和心脑血管病，因此抗肿瘤药物及心脑血管药物无疑是未来创新药研究的重点。

抗肿瘤药物中，针对乳腺癌、肺癌、前列腺癌、卵巢癌和黑色素瘤等肿瘤的药物研发，心脑血管药物领域中抗高血压、抗动脉粥样硬化、抗心力衰竭、抗心律失常等疾病的药物研发，仍将是各大制药公司竞相角逐的重要领域。

（2）抗传染病、抗感染药物　近年来，我国传染病的发病数和死亡数不断攀升，给人们健康造成重大威胁。抗传染病（细菌及病毒引起，如艾滋病等）、抗感染药物将是未来药物研发的热门领域。

（3）慢性非传染性疾病药物　随着步入老龄化社会的国家和地区不断增多，神经退行性疾病、糖尿病、痛风、帕金森病等慢性非传染性疾病的发生率迅速提高，相关药物需求量大幅增加，虽然研发困难，但强大的市场潜力是研发的重要推动力，老年病药物必将成为新药研究的热点。

（4）其他改善体质、延缓衰老的药物　这类药蕴藏着巨大的科学与商业价值，因而受到多方重视。

二、创新药物的研发途径

创新药物的研究与开发是推动医药产业发展的不竭动力。

（1）化学合成药物　化学合成药物是目前最实用的治疗药物，是临床用药的主体，未来数年仍将是新药研究的重要阵地。

（2）天然药物　天然产物在药物发现中的重要地位毋庸置疑。现有以天然药物为基源的药物举不胜举，青蒿素类抗疟药就是最典型的例子。对从动植物或微生物中提取分离得到的活性先导化合物进行结构优化和药效学筛选，仍将是合成新药研究的重要部分。

（3）生物技术药物　目前生物技术药物发展迅速，在全球医药市场的比重持续攀升。

生物医药创新能力是生物科技的制高点，是衡量一个国家现代生物技术发展水平的重要标志之一。生物技术药物在未来会得到特别快的发展，成为最具希望和发展潜力、最具竞争力的药物品种，在癌症、心血管疾病、糖尿病、贫血、自身免疫性疾病、基因缺陷病症和遗传疾病等的治疗中将具有日益重要的地位。

（4）创新药物递送系统（创新DDS）　创新DDS可以改善新化学实体（NME）的理化性质和体内外行为，实现增效减毒、增强用药安全，且在产品附加值上更能形成核心竞争力以提高市场份额。对已有产品的新型DDS研究与开发，必将继续吸引世界大型制药公司的注意力。

三、药学研究新技术

1.新药发现方面

（1）组合化学技术　构建化学结构是新药发现的前提，组合化学的出现，为在短时间内合成出大量的不同结构的化合物、建立分子库、发展分子多样性提供了思路。

（2）高通量筛选技术　依赖数量庞大的化合物库，采用自动化操作系统，对各种细胞外和细胞内的分子靶点进行筛选，从中发现有某种预期活性化合物的高通量筛选（high-throughput screening，HTS）技术实现了药物筛选的规模化，提高了药物发现的概率及发现新药的质量。

（3）计算机辅助药物设计　计算机辅助药物设计是通过计算机的模拟、运算来预测小分子与受体生物大分子之间的作用，包括分子对接、药效团识别、定量构效关系等技术，将得到更加广泛的应用。

（4）新型生物技术　基因组学、蛋白组学、生物信息学等新型生物技术为合成新药研究提供了更多的成功机会。

2.复杂样品分析方面

（1）发展新的样品前处理技术；

（2）发展智能多模式高效微分离技术；

（3）发展色谱与其他技术的联用分析技术；

（4）发展先进的算法和计算机拟合技术。

四、促进合理用药

1.合理用药内涵

合理用药的概念最早是由WHO提出，是指安全、有效、经济、适当地使用药物。根据WHO及美国卫生管理科学中心制定的合理用药生物医学标准要求，合理用药应包括：

（1）药物正确无误；

（2）用药指证适宜；

（3）疗效、安全性、使用途径、价格对患者适宜；

（4）用药对象适宜；

（5）调配无误；

（6）剂量、用法、疗程妥当；

（7）患者依从性良好。

2.合理用药措施

加强合理用药,将采取以下措施:

(1)推行和完善国家基本药物制度;

(2)加强医院药物信息化管理;

(3)强化药学从业人员合理用药观念及药理知识培训;

(4)培养高素质临床药师,并使他们成为治疗团队的成员;

(5)提升执业药师在零售药房及药店中向患者提供的药学专业技术服务水平,使药师成为患者合理用药的指导者与监护者,从而最大限度地维护患者利益。

学习小结

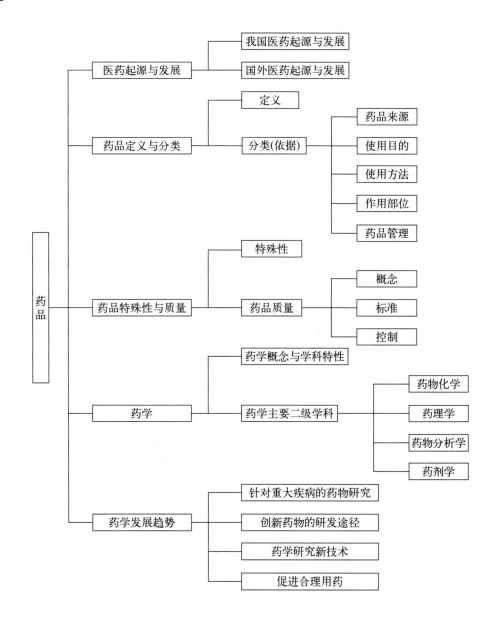

参观三甲医院药学部

一、参观目的

（1）了解三甲医院药学部的基本组织架构，体会药学工作在医疗机构中的重要作用。

（2）了解三甲医院药学部各部门的工作内容和重要规章制度，实地了解有关药品分类、特殊药品的管理、药品调配、药品合理使用等知识。

二、参观内容与步骤

（1）集中讲解。由药学部负责人介绍药学部的发展历史、基本任务、组织架构、主要成就、发展前景等。

（2）分组参观。逐一参观药学部下设机构，了解它们的主要任务、分工、大致工作流程，主要设施、仪器的作用，以及重要的管理规章制度。

（3）个人撰写参观小结，并在小组会上交流心得体会。

三、参观示例

参观某市人民医院药学部

某市人民医院坐落在一座江南古城，历经百余年的建设，已发展成为一所学科门类齐全、医疗技术先进、科研实力较强的三级甲等综合性医院。在医院诊疗工作中，医院药学部是极为重要的组成部分，在保障合理用药、医保控费、提高医疗质量等方面发挥了重要作用。药师作为药学服务的主体，与医师、护士相互协作，一起为人民健康保驾护航。

（一）药学部概况

某市人民医院药学部为国家级临床药师培训基地、全国临床合理用药示范基地、全国PCCM（呼吸与危重症医学科）咳喘药学服务门诊区域示范中心、市临床重点专科、市临床药学中心。开设了妇产专业、内分泌专业、免疫抑制剂专业、肠外肠内营养专业药学专科咨询门诊、医-药联合抗凝门诊、咳喘药学服务门诊、咳喘MDT（跨学科的医疗团队，multidisciplinary team）门诊，为患者提供专业药学服务。

药学部有在职人员122人，其中药学专业技术人员109人，含正高职称4人，副高职称12人，中级职称56人，博士学位2人，硕士学位44人。享受国务院政府特殊津贴、省中青年专家1人，江苏省333人才第三层次培养对象1名，江苏省青年医学人才1名。

（二）下设机构与分工

药学部下设药库、门诊药房、急诊药房、中药房、中心药房、静脉药物调配中心、临床药学室等部门，还成立了信息小组、科研小组、质控小组和处方点评小组，以加强药品管理，保障药品供应和促进临床合理应用，推进学科高质量发展。

1.药库

药库负责全院药品采购、储存保管、出入库、配送、药品质量管理、药品安全等工作，是集技术、管理与服务于一体的重要部门。

药库严格按照相关要求，对药品进行分类储存和养护管理。药库分为西药库、中成药库、盐水库、制剂成品库、常温库、阴凉库和冷库等类别。启用冷链监控系统，可以对各库的温度及湿度进行及时监控。

药库有常用药品1000余种，可保证全院药品供应。

药品采购通过阳光采购平台进行，并根据国家药品采购价格政策及时调整价格。通过内网HIS系统，可实现电子追踪药品批号、入库、出库、退药等操作流程。药库每月对药品进行盘点，严格管理特殊药品，做到"五专"管理。面对突发事件等特殊情况，能够做到急用急调、及时供应、事后备案，确保临床用药。

2.门诊药房

在门诊药房，药师直接面对患者提供药品和服务。门诊药房调剂工作流程一般包括接收处方、审核处方、处方药品调配、核对处方、发药及用药交代。

药房自动化水平的提升，加速了药房工作模式和药师职能的转变。自动发药机（图2-8）将传统发药模式下的后台调配人员解放出来，使药师有更多的时间提供用药咨询，从事处方事前审核，开设药学服务门诊等。此外，门诊药师还可以走进电视台、电台、社区等开展宣讲、义诊，普及合理用药知识。

图2-8　自动发药机

3.急诊药房

急诊药房主要负责急诊患者和留观患者治疗用药的供应及用药咨询，提供24h全天候药学服务。急诊调剂业务一般包括常规急诊药品调剂，急诊用麻醉和精神药品调剂，常见抢救药品调剂等。

4.中药房

中药房主要负责门诊中药处方的审核和调配工作，调剂业务主要包括中药免煎配方颗粒的调剂和中药饮片的调剂。

医院引进了中药配方颗粒自动发药机用于中药免煎配方颗粒的调剂，机械化程度高，从电子称重、药品分装到包装成袋，都由自动发药机完成。

医院由于场地、设施、人员的限制，大部分会将中药饮片的调剂委托给企业进行中药代配代煎。中药代配代煎服务提高了中药房的工作效率、减少了患者的等待时间，在各医院之间实现了资源共享。

5.静脉药物调配中心（PIVAS）

医院静脉药物调配中心成立于2016年1月，面积1000m²，由抗肿瘤化疗药物调配间、静脉营养液调配间、排药间、电脑收方与审方区、成品核对包区、药品周转库、隔离衣洗衣间、办公室、普通更衣间等组成。人流与物流分开，办公区与控制区、洁净区、辅助区分开。配制间配有10台生物安全柜及18台水平层流台。

静脉药物调配中心将原来分散在病区治疗室开放环境下进行配置的静脉用药，集中由专职的技术人员在B级洁净、密闭环境下，局部A级洁净的操作台上进行配置。改变了临床静脉输液加药混合配制由护士在病区内操作的传统做法，避免了化疗药物因开放性加药配制对病区环境的污染和对医务人员的损害，并且把护士从日常繁杂的输液工作中解脱出来，让她们有更多的时间用于临床护理。

　　静脉药物调配中心的工作流程一般为：医嘱审核、拆分批次、瓶签打印、扫描配置、成品复核、运送至临床。静脉药物调配中心自动化水平的提升，极大地提高了药房工作效率，节省了人工。自动贴签机替代人工贴签，自动分拣机则实现了成品输液自动分病区，两者均提高了工作效率，让药师有更多的时间进行医嘱审核和提供药学服务。

　　图2-9为静脉药物调配中心工作场景。

图2-9　静脉药物调配中心工作场景

　　6.临床药学室

　　临床药学室现有专职临床药师9人，覆盖重症医学科、EICU（急诊重症医学科）、创伤中心、内分泌代谢科、呼吸与危重症学科、肝胆胰外科、肾内科、泌尿外科、心血管内科、心胸外科、胃肠外科、肿瘤科、儿科-新生儿科、妇科、产科、神经内科、消化内科、疼痛科等18个临床科室。常规开展查房、医嘱审核、药物咨询、疑难病例讨论、会诊、用药教育与指导、药学监护、合理用药指标提升等临床药学服务工作。

　　临床药师开设了妇产、免疫抑制剂、肠外肠内营养等专业的药学专科咨询门诊，并开设了咳喘药学服务门诊、咳喘MDT门诊、老年慢病药学服务门诊、医-药联合抗凝门诊、小儿咳喘药学联合门诊，为广大患者提供专业的药学服务。

　　7.临床药师培训基地

　　药学部从2012年开始承担国家级临床药师培训基地的日常教学与带教工作，2019年获批紧缺人才（临床药师）培训基地。目前可开展8个培训专业的带教，现已培养来自全国各地的临床药师138名。并配合科室在2021年高分通过全国临床合理用药示范基地现场评审，临床药师在参与临床药物治疗、专项医嘱点评反馈、药品不良反应监测、抗菌药物管理、信息化建设、教学与科研，以及学科辐射等方面做了大量工作。

　　8.临床药学实验室

　　医院临床药学实验室成立于1989年，2002年成立"市临床药学中心"，2022年确立为"市重点实验室"。主要从事治疗药物监测、药物基因检测、患者个体化治疗等工作，为肾移植、干细胞移植、重症医学科、呼吸科等多个临床科室提供药学服务。经过多年发展，已形成了较为完善的精准用药、科学研究、人才培养、质量管理等体系。

　　实验室配有全自动酶放大免疫分析仪及液相色谱串联质谱仪，可高效率完成本院多个科室、不同种类药物的治疗药物监测任务。目前共开展了包括免疫抑制剂、抗癫痫药物、抗菌药物等20余项治疗药物监测项目和10余种药物基因检测项目。近5年为40000多例患者提供精准用药服务，在诊疗过程中为医生及药师个体化用药提供用药依据，极大提高了药物治疗效果。

思考题

1. 简述药品的定义。
2. 药品的特殊性体现在哪几个方面？
3. 简述药品的质量特性。
4. 简述药学的概念与特性。
5. 简述药物化学的主要任务。
6. 简述药理学的主要任务。
7. 简述药物分析学的主要任务。
8. 简述药剂学的主要任务。

扫描二维码可查看
思考题参考答案

参考文献

[1] 杨世民，李华. 药学概论 [M]. 2版. 北京：科学出版社，2017.

[2] 杨世民，翁开源，周延安，等. 药事管理学 [M]. 6版. 北京：人民卫生出版社，2016.

[3] 王渝生，陈丽云. 医学史话 [M]. 上海：上海科学技术文献出版社，2019.

[4] 陈子林. 药学导论 [M]. 北京：科学出版社，2017.

[5] 中国药学会. 中国药学学科史 [M]. 北京：中国科学技术出版社，2020.

[6] 毕开顺，阮金兰，杨帆. 药学导论 [M]. 北京：人民卫生出版社，2022.

[7] 周红燕，郭婷，李清奇，等. 艾米替诺福韦治疗慢性乙型肝炎患者的临床效果 [J]. 中国当代医药，2024，31（15）：24-27.

（吕金鹏，夏宗玲，王车礼）

第三章

药品制造

学习目标

1. **掌握**：工业制药过程阶段划分，制药工程学科内涵及主要分支学科的研究内容。
2. **知晓**：化学制药、中药制药、生物制药和药物制剂的基本工艺过程，制药设备分类，药品生产质量管理工程与药品生产质量管理规范的含义与理念。
3. **了解**：过程工业和加工工业的概念，制药工程技术发展趋势。

案例导入

青霉素工业化生产遇到的难题

众所周知，早期的发酵工业只能提供种类很少的产品，其中厌氧发酵产品居多，如酒类、乙醇、乳酸、丙酮、丁醇等。虽然生产厌氧发酵产品的深层液体发酵技术早就具有相当大的规模，但工业上只有少数好氧发酵产品采用了深层液体发酵生产法，如面包酵母、醋酸等。

20世纪40年代初期，为了满足第二次世界大战救治伤员的迫切需要，亟待将早在1928年就发明的青霉素投入工业化生产，为此发酵工业界遇到了空前的难题。青霉素生产菌株的生长速率很低，在前期生长及后期合成青霉素的长达100h以上的发酵过程中，需要溶解氧的不断供应以及严格的无杂菌状态。由于菌丝体的繁殖，发酵液的流变特性显著改变，空气中氧气溶入液体的速率本就十分缓慢，此时更极度下降；增大空气流率，则无杂菌状态更难维持。

在这种情况下，许多化学工程学者加入了这一难题的攻关。其中最为重要的突破是Elmer L. Gaden Jr.在美国哥伦比亚大学化学工程系主任Arthur W Hixon教授指导下，于1946～1948年完成的通风搅拌传质问题的博士论文。这篇论文被认为是关于通气搅拌发酵罐设计的第一次理性尝试，也标志着生物化学工程的诞生。此后不久，生物化学工程首次国际会议于1949年举行。

扫描二维码可查看
答案解析

抗生素的投产和生物化学工程的诞生，开创了发酵工业的新纪元，好氧发酵产品得以迅速开发和工业化。

图3-1为20世纪50年代我国青霉素生产车间的图片。

图3-1　我国20世纪50年代青霉素生产车间图片

问题：

1. 为什么早期发酵工业中好氧发酵产品很少？

2. 为什么厌氧发酵产品能较早采用大规模深层发酵技术？

3. 在好氧发酵产品中，为什么酵母和醋酸能够较早采用大规模深层发酵技术？

第一节　概述

一、制药工业

制药工业是当今发展最快、经济潜力巨大、前景广阔的高新技术产业之一。其重要性体现在：①世界各国纷纷将制药工业列为未来优先发展的优势产业，制药工业成为在全球化背景下各国经济实力竞争的关键；②制药工业与人类的健康密切相关，药品的质量不能有一点差错。

1.我国医药工业范围

我国医药工业是七大子行业的总和，包括：化学原料药、化学药品制剂、生物制剂、医疗器械、卫生材料、中成药、中药饮片。

据《药品监督管理统计年度数据（2023年）》，截至2023年底，我国原料药和制剂生产企业共有5652家（实有药品生产许可证8460件）。按药品生产企业类别统计，有化学药企业4494家，中成药企业2418家，中药饮片企业2334家，按药品管理的体外诊断试剂企业26家，医用气体企业712家，特殊药品企业242家。

截至2023年底，我国境内有生产药品批准文号155308件。其中，中药天然药物57852件，化学药品95640件，生物制品1816件。

在世界卫生组织颁布的230个基本药物中，约有90%的品种已在我国生产。我国的化学药物品种比较齐全，可基本满足临床需要；作为世界上第二大原料药生产国，我国原料药出口在国际市场占到了较高的比重。

2.现代制药工业的基本特点

现代医药工业绝大部分是现代化生产，与其他工业有许多共性，但又有自己的基本特点，主要表现在以下几个方面：

（1）科学性强，技术含量高；

（2）分工细致，质量要求严格；

（3）生产过程复杂，品种多，剂型多；

（4）原料药与制剂生产分别属于不同的工业范畴（过程工业与加工工业）；

（5）投入高，产出高，效益高。

二、制药过程

1.制药过程的含义

制药过程是指利用原料批量生产，制造出可用于预防、诊断和治疗疾病的药品的过程。制药过程可分为以下两大阶段。

（1）第一阶段　将各种原材料放入特制的设备中，经过一系列复杂的过程，生产出原料药。这一阶段为原料药的生产过程，主要由单元过程组成，如氧化、磺化、发酵、提取、结晶等。在此程中，物质的结构或形态不断发生变化，它在工程学中属于过程工业（也称流程工业）的范畴。图3-2为原料药车间场景。

（2）第二阶段　在特定的环境条件下，利用专门的设备将原料药加工成各种制剂，经过包装，成为可以使用的药品。这一阶段为制剂的生产过程，主要由加工工序组成，如配料、混合、灌装、压片、包衣等。在此过程中，物质的结构和形态不变，称为制剂工程。它在工程学中属于加工工业（也称离散工业）的范畴。图3-3为制剂车间场景。

图3-2　原料药车间

图3-3　制剂车间

过程工业与加工工业是两类不同的工业，表3-1列出了两者的区别。

▫ **表3-1　过程工业与加工工业的区别**

比较项目	过程工业	加工工业
物质结构和形态	变化	不变化
实现方法	各种反应过程和分离过程	不同的加工工序
生产设备	釜、罐、塔、泵	适当的设备
产品计量	质量或体积（千克、吨、升等）	件数（片、支、粒等）

2.原料药生产

原料药的生产过程可进一步分为两大步骤：药物成分的获取和药物成分的分离纯化，如图3-4所示。

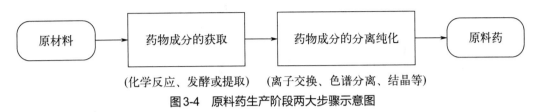

图3-4　原料药生产阶段两大步骤示意图

（1）药物成分的获取　是将基本的原材料通过化学合成（化学制药）、微生物发酵等（生物制药）或提取（中药或天然药物制药）而获得产物。产物中除了含有目标药物成分外，还存在大量的杂质及未反应的原料，需进行分离提纯。

（2）药物成分的分离提纯　是将第一阶段的产物采用萃取、离子交换、色谱分离、结晶等一系列技术手段处理，提高药物成分纯度，同时降低杂质含量，最终获得原料药产品，使其纯度和杂质含量符合制剂加工的要求。

3.制剂生产

制剂生产过程也可进一步分为两大步骤：制剂阶段和包装阶段。

（1）制剂阶段　是将药物制成各种适合于患者使用的剂型，如口服液、片剂、胶囊剂、注射剂等。

（2）包装阶段　是将生产出来的药品采用适当的材料、容器进行包装，使得药品在到达患者之前的运输、装卸、保管、供应或销售的整个流通过程中，质量得到保证。

三、制药工程学

1.制药工程学的含义

在第一章绪论中，我们已初步讨论过制药工程的含义。这里再着重从学科角度，进一步讨论制药工程学。一般认为，制药工程学最初是在药学、化学、工程学三大学科基础上形成的。药学、化学、工程学是最初支撑制药工程学的三大基石。

随着现代生物技术在制药工业的大量运用，以及对药品质量和安全性要求的不断提高，生物技术和管理学科现已成为制药工程不可或缺的基础。制药工程学与相关学科的关系见图3-5。

从学科角度来讲，制药工程是奠定在化学、药学、生物技术、工程学和管理学基础之上的一门交叉学科，它探索和研究药物制造的基本原理，制药新工艺、新设备，以及在药品生产全过程中如何按《药品生产质量管理规范》（GMP）要求进行研究、开发、放大与优化。

制药工程技术在药物制备产业化过程中具有非常重要的作用，它涉及原料药及药品生产的方方面面，直接关系到产品生产技术方案的确定、设备选型、车间设计、环境保护，决定着产品是否能够投入市场，以怎样的价格投入市场等企业生存与发展的关键因素。

制药工程技术一般涉及以下内容：

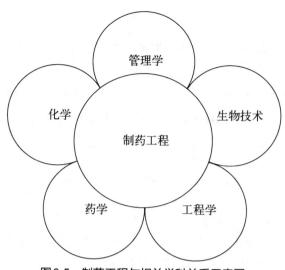

图3-5 制药工程与相关学科关系示意图

（1）制药工艺路线设计、评价和选择；

（2）药物生产工艺优化；

（3）制药设备及工程设计；

（4）药物原料、中间品和最终产品的质量分析、检测与控制技术；

（5）药品生产质量管理系统工程；

（6）新药（包括新剂型）的研究与开发。

2.制药工程学的分支学科

针对制药工业的不同领域，制药工程学相应地产生、发展出一些分支学科（领域），参见图3-6。

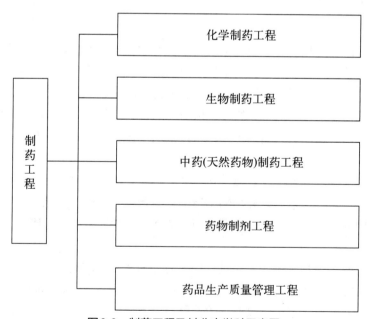

图3-6 制药工程及其分支学科示意图

第二节　化学制药

一、规模化生产重要化学药品回顾

20世纪以来，世界化学制药工业快速发展，先后涌现出众多的重要化学药品，例如：

（1）20世纪30年代磺胺类药物的问世；

（2）20世纪50年代激素类药物的应用；

（3）20世纪60年代半合成抗生素的出现；

（4）20世纪70年代复杂抗生素的全合成；

（5）20世纪70年代后期到80年代喹诺酮类合成抗菌药物的发现和合成；

（6）20世纪90年代他汀类降血脂药的合成，L-甲基多巴成为第一个采用不对称合成技术实现工业化生产的手性药物。

这些重要药物的规模化生产，有效地帮助人类战胜了一系列重大的疾病。

二、化学药物工业制造过程

化学制药过程按预定工艺路线从原料到产品，把一系列单元反应与单元操作高效组合起来。其中，单元反应（如氧化反应、还原反应、水解反应、缩合反应等）是完成物质转化的关键；而单元操作（主要包括离心、过滤、结晶、干燥等物理过程）用以实现物理的转移、产物的分离纯化等目的。

一个完整的化学药物生产过程包括了许多相互关联的环节，见图3-7。

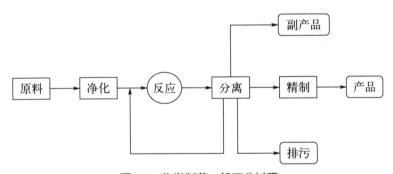

图3-7　化学制药一般工业过程

下面以阿司匹林生产为例。阿司匹林是一种传统的解热镇痛药，近年来发现其对血栓的形成也有一定的预防作用，因而也可用作抗血栓药。合成阿司匹林的化学反应较简单，用醋酸酐和水杨酸进行酰化反应即可得到，合成反应式见图3-8。

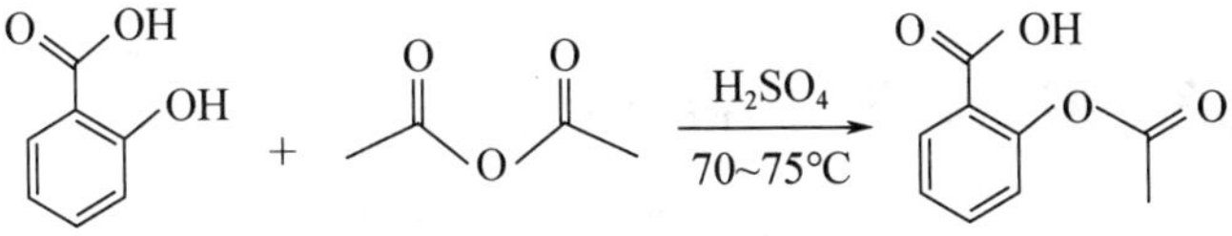

图3-8　阿司匹林的合成反应式

该原料药实际生产过程中，除了上面的反应过程外，还包括许多其他的辅助过程，如生产中的供热系统、冷却系统、产品的重结晶和干燥、母液的回收和利用、产品的包装、原料及成品的质量检验等。具体的生产过程如下：

（1）向反应釜中加入计量的醋酐、总量2/3的水杨酸及催化剂浓硫酸，搅拌；

（2）向反应釜的夹套内通入水蒸气加热，使混合物在70～75℃下反应40～60min；

（3）向反应釜的夹套内通入冷却水，缓慢降温至55℃，加入剩余1/3的水杨酸；

（4）再升温至70～75℃，并保温反应1h；

（5）取样检查游离水杨酸含量，当其含量≤0.15%时停止反应，否则可延长反应时间或补加醋酐使其达到反应终点；

（6）缓慢降温至50℃，将计量的阿司匹林结晶母液泵入反应釜，保温30min；

（7）将混合料液转移到结晶釜，用冷冻盐水使其缓慢降温至15～18℃，析出结晶；

（8）将悬浊物料放入离心机甩滤；

（9）滤得的固体用水洗，甩干；

（10）甩干的固体移入气流干燥器中，于60～70℃下干燥；

（11）从旋风分离器中收集固体，再经过筛机筛分除去较大的颗粒；

（12）得到的固体经检验合格后，按25kg/桶包装，得到阿司匹林原料药成品。

上述过程用框图表示，可得到如图3-9所示的阿司匹林生产工艺流程框图。

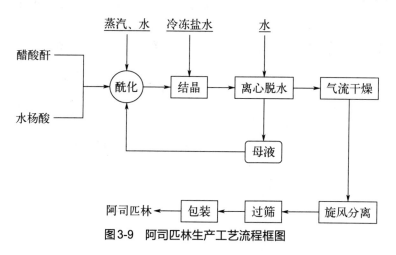

图3-9　阿司匹林生产工艺流程框图

在工艺流程框图的基础上进一步细化，将上述反应设备和分离设备等用图形表示，并将设备间的物料流向完整地表示出来，就得到了阿司匹林生产工艺设备流程图，如图3-10所示。

阿司匹林生产工艺设备流程图可以看作其生产车间的缩影，该图也是车间设计、运行和管理的重要依据。

三、化学制药工程主要研究内容与步骤

各类药物的规模化生产，在帮助人类战胜重大疾病的同时，也大大促进了化学制药工程学科的发展。

化学制药工程综合应用有机化学、分析化学、药物化学、物理化学、单元操作原理、

制药工程原理与设备、制药工艺学等学科的原理与方法，从工业生产的角度出发，根据技术设备条件和原辅材料来源情况，以工程观点和最优化的技术手段，因地制宜地研究和开发适合规模化生产的技术路线、生产工艺和装备，使整个生产过程做到优质、高效、绿色、环保。

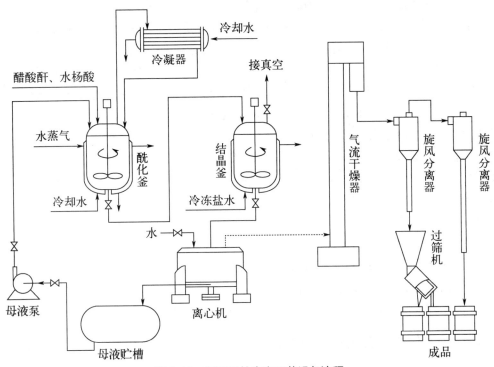

图3-10　阿司匹林生产工艺设备流程

1.化学制药工程主要研究内容

化学制药工程主要包括以下研究内容：

（1）药物生产工艺路线设计、评价和选择；

（2）药物生产工艺优化；

（3）化学制药设备及车间工艺设计。

2.化学制药工程的研究步骤

现以布洛芬（Ibuprofen）的生产工艺与过程开发为例说明化学制药的研究步骤。布洛芬是一种应用广泛的烷基芳酸类非甾体类抗炎药，具有解热、镇痛及抗炎作用，临床主要用于减轻和消除扭伤、劳损、下腰疼痛、肩周炎、滑囊炎、肌腱及腱鞘炎、痛经、牙痛和术后疼痛、类风湿性关节炎、骨关节炎以及其他血清阴性（非类风湿性）的关节疾病而致疼痛和炎症。

（1）目标化合物的结构剖析　布洛芬的化学名为 α-甲基-4-（2-甲基丙基）苯乙酸，分子结构式见图3-11。不难看出，布洛芬的母核为一苯环，在环上有一个异丁基和一个1-羧基乙基，因此其合成一般以异丁苯为原料，关键是如何在异丁

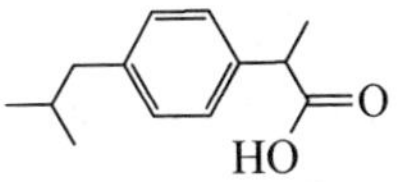

图3-11　布洛芬分子结构式

基的对位引入所需结构的取代基。

（2）目标化合物合成路线的确定　由于布洛芬是一个在国内外均已上市的药物，因此从文献中可查阅到关于其合成的不同路线。据不完全统计，文献报道的布洛芬合成路线有5大类27条之多。

其中，Hoechst工艺以异丁苯为原料，采用乙酰化、加氢和羰基化三步完成。通过对各条合成路线的比较，发现Hoechst工艺技术水平较高，反应步骤少，污染物排放少，符合绿色化学的需要和未来社会发展的需求，具有较好的前景。

（3）合成路线的生产工艺研究　确定了布洛芬的合成路线后，该路线的原料及所经历的各中间体也随之确定下来。下一步的工作是对路线中的每一步反应进行工艺条件研究。根据研究的先后次序和规模，药物生产工艺研究过程包括实验室工艺研究（小试）、中试放大研究（中试）和工业生产工艺研究三步。

（4）制药设备及车间设计　药物的制备工艺经小试和中试阶段后，要实现大规模生产，还必须将其工程化，即设计建立生产布洛芬的车间。这涉及物料衡算、热量衡算、设备的设计和选择、车间及管道的布置等内容。

从布洛芬生产工艺与过程开发实例可以看出，化学制药工程研究主要涉及"路线确定—工艺优化—工程化"三大问题，即：

① 研究合成工艺路线的选择问题，选出最优的布洛芬合成工艺路线；
② 研究合成工艺问题（小试—中试—工业化研究），以获得布洛芬最佳生产工艺条件；
③ 研究设备及车间的问题，以实现布洛芬的规模化生产。

四、绿色化学及其在化学制药过程中的应用

绿色化学又称环境友好化学，其核心是利用化学原理从源头上减少和消除工业生产对环境的污染，使反应物的原子全部转化为期望的最终产物。

1992年，耶鲁大学P. T. Anastas教授最先提出"绿色化学"的概念，随后得到了学术界、工业界、政府部门和非政府组织的普遍重视和大力推广，其研究内容也在不断拓宽。目前，公认的绿色化学12条原则为：

（1）防止污染优于污染治理；
（2）提高原子经济性；
（3）尽量减少化学合成中的有毒原料、产物；
（4）设计安全的化学品；
（5）使用无毒无害的溶剂和助剂；
（6）合理使用和节约能源，合成过程应在环境温度和压力下进行；
（7）原料应该可再生而非耗尽；
（8）减少不必要的衍生化步骤；
（9）采用高选择性催化剂；
（10）产物应设计为发挥完作用后可分解为无毒降解产物；
（11）应进一步发展分析技术，对污染物实行在线监测和控制；
（12）减少使用易燃易爆物质，降低事故隐患。

以上12条原则涉及化学过程绿色化的原料、工艺、产品等各个因素，还涉及成本、能耗和安全等方面的问题，其在化学制药领域的推广和应用取得了令人瞩目的成果。

现以西格列汀为例。西格列汀是2006年美国默沙东公司开发上市的新型降血糖药，其分子结构式见图3-12。西格列汀的第一代合成工艺采用手性辅剂来控制分子中的手性中心，生产1kg西格列汀原料药会产生275kg的工业垃圾和75m³的工业废水；第二代合成工艺采用了不对称催化的方法，同样生产1kg西格列汀原料药只产生44kg的工业垃圾，工业废水排放下降到0m³。之后，该公司又合作开发了第三代生物酶催化工艺，其绿色化程度再次大大提高，收率比第二代工艺提高了10%～13%，成本降低了19%。该公司的这两项技术先后两度获得"美国总统绿色化学挑战奖"。

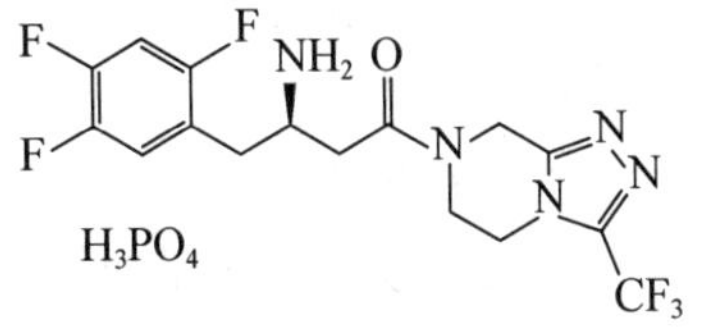

图3-12　西格列汀分子结构式

第三节　中药制药

中药是我国传统药物的总称。人们通常所说的"中药"，是一个广义的概念，它包括民间药（草药）、民族药和传统中药。我国中药的历史源远流长，它的发现与应用经历了长期的实践过程。几千年来，中药为中华民族的繁衍昌盛，为民众的健康做出了巨大贡献。

扫描二维码可查看"我国古代中药制药场景图"。

扫码看彩图

一、中药生产过程

中药材是中药生产的主要原料，中药材中的有效成分是中成药的主体。中药制造的全过程都以高质量的活性有效成分为中心，经过药材的预处理，药材中活性成分的提取、分离与纯化，再经中药制剂与包装，制成中成药。生产过程的重点在于有效成分的提取、分离与纯化过程中有效成分的稳定保留及生产过程中质量检测与监控。

1.药材的预处理

中药材的预处理包括非药用部位的去除、杂质的去除、药材的切制、必要的炮制四个部分。

人们常常只使用药材有药用的部分而去除其非药用部位，例如，去茎是指用根的药材需除去非药用部位的残茎；去根是指用茎的药材需除去非药用部位的残根。同一植株根和茎都入药，但两者作用不同，须使之分离，分别使用。带入药材的杂质需清理，药材在除杂清洁后需要切制成一定规格，并要经过必要的炮制过程以供生产之用。

药材的预处理是中药制药生产不可缺少的环节，但目前一些药材前处理设备无论从性能、使用情况、操作控制等方面都还比较落后，这是中药生产的一个较突出的问题。

2.药材活性成分的提取、分离与纯化

尽量分离除去药材中无效成分是现代中药不断追求的目标。服用散剂时，100%的药材物质进入人体消化道；服用汤剂，则仅占药材总质量中的10%～15%；丸剂、片剂、硬胶

囊剂等与此类似；口服液、水针剂等液体制剂采用了水提醇沉或絮凝澄清工艺，则减少到5%～8%，但活性物质提纯至当前程度，与现代药物的质量要求相比仍存在较大差距，只有在工艺技术上继续有所突破才能获得更高的纯度。因此，新的提取、分离与纯化技术不断出现。

20世纪90年代，中药活性成分的提取工艺主要集中在如何增加提取过程的传质推动力并减少所用的溶剂量上，三级逆流动态萃取是较理想的工艺和装备。在此基础上，当前则集中在解决过程的效率上，即加快提取速率、提高活性成分的提取率，例如，药材细胞的破壁技术、加酶萃取、超声提取、微波萃取、加压萃取、超临界态二氧化碳萃取等。提取物纯度的提高仅靠传统的沉降、过滤、蒸发浓缩等是远远不够的，从大孔树脂吸附分离、超临界二氧化碳萃取、膜分离等，直到工业色谱分离、分子蒸馏技术等，这些现代分离技术的综合应用为中药有效成分或成分群的纯化提供了先进的工业化分离手段。

3.制剂与包装

中成药已从传统的丸、散、膏、丹扩展到片剂、硬胶囊、软胶囊、口服液、水针剂、粉针剂等现代剂型。现代药物生产的所有手段（工艺技术、设备、洁净技术等）几乎都可以为中药制剂所用，缓释、控释、透皮吸收、靶向给药等都是中药制剂的发展方向。此外，包装技术与包装材料的进步为中成药质量的提高提供了良好的条件。对于中药来说，重要的是如何利用现代药物制剂与包装技术开发现代中药产品并实现大规模产业化生产。

值得一提的是，中药传统的丸、散、膏、丹等剂型也在不断改进。比如，新型丸剂（浓缩丸）是将中药充分煎煮后，把药汁浓缩成膏，然后将膏加工制成丸剂，其优点是有效成分高，体积小，易于服用。又如，传统的散剂是将药材直接研磨成细粉，而新型散剂采用与此不同的制作工艺，将煎煮后得到的汤药采用喷雾干燥的方法将水分抽出，制成药粉。

一个好的中药制造过程应具备如下特点：

（1）中药材内在质量高且稳定，即药材有效成分含量高。要做到这一点，药材种植必须符合国家GAP规定要求；应用现代生物技术和药用植物栽培技术改良提高中药材内在有效成分的含量，是现代中药制造生产过程的源头及基础。

（2）生产全过程的有效成分总收率高。

（3）生产过程符合国家GMP要求，无交叉污染。

（4）产品有明确的质量标准及过程质量监控。

（5）全过程生产技术装备先进、自动化程度高。

图3-13给出了现代中药厂部分车间的工作场景。

(a)提取　　　　　　　　(b)检视　　　　　　　　(c)码垛

图3-13　现代中药制药车间场景

二、中药制药工程学科及其研究内容

中药制药工程学科是在继承发展中医药优势和特色的基础上，充分利用现代科学技术的方法和手段，借鉴国际通行的制药标准和规范要求，生产能够进入国际医药主流市场的现代中药，以提高中药国际市场竞争力为目的而发展起来的一门新兴学科，它是融合中药学、工程学和经济学等学科为一体的边缘应用技术学科。

中药制药工程技术贯穿了中药工业生产的整个过程，它是保证产品质量、降低成本、增加经济效益的重要科学理论依据和工程技术手段。中药制药工程具体包含以下八方面的研究内容。

（1）药材预处理工程　包括鉴别中药材真伪与优劣，控制中药材质量的技术和方法，中药材预处理分类与工艺，预处理单元技术与应用，中药饮片炮制原理与方法，中药炮制装置与应用，中药炮制品质量标准与检测技术等。

（2）粉碎、混合与流体输送工程　粉碎工艺原理与方法，粉碎单元装置与应用；混合机理、方法、混合装置与应用；流体力学基本原理，流体输送装置与应用等。

（3）分离工程　药材的浸取机理，浸取过程的计算与浸取装置，影响浸取效率因素及强化措施；萃取、蒸馏等传质分离技术的原理与装置；非均相物系的分离原理、设备及装置；膜分离技术（超滤与反渗透等）原理及在中药制剂中的应用。

（4）蒸发与干燥工程　传热的基本原理与计算；蒸发装置与应用；结晶原理与装置；干燥基本理论与计算；干燥装置与应用等。

（5）洁净与灭菌工程　净化原理与工艺要求，洁净工程的设计与装置，灭菌原理与应用，各种灭菌方法的工艺与装置，正确应用防腐剂等。

（6）中药工程设计　工艺流程设计与计算，单元操作与应用，剂型的选择，工艺管道与平台设计，公用工程系统设计，计算机在各单元系统中的应用等。

（7）中药包装工程　中药材、中成药包装技术与装备，中药包装研究。

（8）中药智能制造技术　中药提取、浓缩、纯化等过程的自动化、信息化和智能化。

图3-14给出了部分现代中药制药设备的图片。

(a)超低温破壁机组　　(b)超临界CO_2萃取装置　　(c)多维混合器

图3-14　现代中药制药设备

第四节　生物制药

一、生物药物的概念、特性及原料来源

1.生物药物的概念

生物药物是指以生物体、生物组织、细胞、体液等为原料，通过综合利用物理学、化

学、生物化学、生物技术和药学等学科的原理和方法，制造出的一类用于预防、诊断和治疗人类疾病的制品。

广义的生物药物包括：

（1）生化药物　从植物、动物、微生物及海洋生物等生物体中制取的药物，例如从健康人尿中分离得到的注射用尿激酶。

（2）微生物药物　通过发酵生产的药物，例如由青霉菌培养液中分离而得到的青霉素，再与金属离子或有机碱结合，制成注射用青霉素钠盐、钾盐等。

（3）生物技术药物　运用以基因工程为核心的现代生物技术生产的药物，如重组人干扰素 α2b 注射液（假单胞菌）。

2.生物药物的特性

与其他药物相比，生物药物具有以下三方面的特性。

（1）药理学方面的特性

①治疗的针对性强；②药理活性高；③毒副作用小，营养价值高。生物药物主要有蛋白质、核酸、糖类、脂类等，其组成单元分别为氨基酸、核苷酸、单糖、脂肪酸，这些都是重要的营养物质。④常有生理副作用发生。生物进化的结果使不同生物，甚至相同生物的不同个体之间的化学物质的结构都有很大差异，其中尤以分子量较大的蛋白质更为突出，这种差异使得以生物为原料的生物药物在使用时可能表现出副作用，如产生免疫反应等。

（2）生产方面的特殊性

① 原料中的有效物质含量低。如胰腺中胰岛素含量仅为0.002%；长春花植物中长春生物碱含量仅有0.0001%。

② 稳定性差。生物大分子药物是以其严格的空间构象来维持其生物活性的，一旦其空间构象遭到破坏，就会失去药理作用。

③ 易腐败。生物药物原料与产品均为营养价值较高的物质，极易染菌、腐败，生产过程往往严格要求在低温和无菌条件下操作。

④ 注射用药有特殊要求。生物药物易被胃肠道中的酶所分解，所以给药途径主要是注射用药，对制剂的均一性、安全性、稳定性、有效性等都有严格要求。

（3）检验方面的特殊性　生物药物具有特殊的生理功能，因此生物药物不仅要有理化检验指标，更要有生物活性检验指标，这也是生物药物生产的关键。

3.生物药物的原料来源

生物药物原料以天然的生物材料为主，包括人体、动物、植物、微生物和各种海洋生物等。由于纯天然的生物材料的局限性，随着生物技术的发展，有目的人工制得的生物原料成为当前生物制药原料的重要来源，如用基因工程技术制得的微生物或其他细胞原料等。

（1）植物原料　如从菠萝中提取菠萝蛋白酶；从木瓜中提取木瓜蛋白酶；从蓖麻籽中提取抗癌毒蛋白（Ricin）等。

（2）动物原料　最初的生物药物大多数来自动物的脏器。目前来自动物的生化药物已有160种左右。这些生化药物主要来自猪，其次来自牛、羊、家禽等。从动物的脑、心、肺、肝、脾、胃肠及黏膜、脑下垂体、血液、胆汁等脏器中，可以获得多种生化药物。人血、人尿和人胎盘等也是重要的生物药物原料。

（3）微生物原料　微生物种类繁多，包括细菌、放线菌、酵母菌等，是生化制药非常有发展前途的资源。

（4）海洋生物原料　目前海洋生物原料主要有海藻类、腔肠动物类、节肢动物类、软体动物类、棘皮动物类、鱼类、爬行动物类、海洋哺乳动物类八大类。

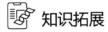 **知识拓展** ··

蓖麻毒蛋白

蓖麻毒蛋白（ricin）是一种植物毒蛋白，具有相当明显的抗肿瘤作用，它们能通过抑制蛋白质合成来杀死癌细胞。蓖麻毒蛋白抗癌机理，主要是它能强烈地抑制各种癌细胞的蛋白合成，中度抑制DNA的合成，而对RNA的抑制则较弱。另一个重要的药理作用，是它具有很强的抗原性，可经各种途径进入机体，并可产生抗体和过敏反应，由于蓖麻毒蛋白能产生细胞毒作用，所以它能抑制巨噬细胞等参与免疫功能。但由于蓖麻毒蛋白的毒性极强，在使肿瘤减退的同时常伴随有体重增加、水肿、血中蛋白质减少等毛细血管渗漏综合征及神经性毒性反应，因此限制了它在肿瘤化疗中的应用。

扫码看彩图

扫描二维码可查看"蓖麻毒蛋白分子结构、蓖麻籽和蓖麻植株"彩图。

··

二、生物制药技术与工程

生物制药技术是指利用生物体或现代生物工程进行药物生产的技术。它是药物生产的重要组成部分，也是制药技术领域发展最快的分支。

生物制药技术与工程是一个综合的技术体系，它不仅包括了生物化学、分子生物学、细胞生物学、重组DNA技术以及基础医学等基础性学科，还包括了基因工程、细胞工程、酶工程、发酵工程、蛋白质工程、生化分离工程、化学工程等专业性学科。生物制药技术与工程属于当今国际上重要的高技术领域，其发展水平也是衡量一个国家制药工业整体水平的重要标志。

生物制药技术有广义和狭义之分。

（1）狭义的生物制药技术　以基因工程为核心，以酶工程、细胞工程、发酵工程和蛋白质工程等为主要技术手段的现代生物工程制药技术。

（2）广义的生物制药技术　主要包括：①生物体中天然有效成分的制备技术；②微生物发酵制药技术；③以基因工程为核心，以酶工程、细胞工程、发酵工程和蛋白质工程等为主要技术手段的现代生物工程制药技术。

三、几类常见生物药物制备工艺

（一）动物来源生物药物制备工艺

动物来源的生物药物是指以动物组织或器官为原料，经提取、分离和纯化得到的一类天然药物，以酶及辅酶、多肽激素、蛋白质、核酸及其降解物、糖类、脂类等药物为主。

动物来源生物药物的提取、分离方法，因原料、药物种类和性质不同，有较大的差异。下面只做一般性概述。

1.动物原料的选择、预处理和保存

（1）原料的选择　原料要新鲜，有效成分含量高；来源丰富易得；杂质少、成本低等。

（2）原料的预处理与保存　动物原料采集后要立即处理，去除结缔组织、脂肪组织等，并迅速在-40℃下冷冻储藏。

2.药物的提取

生物药物大部分存在于生物组织或细胞中，要提高提取率，必须对生物组织与细胞进行破碎。

生物组织与细胞破碎后，要立即进行提取。要根据活性物质的性质，选取适宜的提取试剂。常见的提取试剂有水、缓冲溶液、盐溶液、乙醇等。

3.药物的分离与纯化

动物来源生物药物有多种类别，不同类别药物的分离纯化方法不同。

（1）蛋白质类药物的分离纯化　可采用沉淀法（如盐析法、等电点沉淀法），按分子大小分离的方法（如超滤法、透析法），按分子所带电荷进行分离的方法（如电泳法），以及亲和色谱法等。

（2）核酸类药物的分离纯化　提取法生产DNA和RNA的主要技术是先提取核酸和蛋白质复合物，再解离核酸与蛋白质，然后分离RNA和DNA。

（3）多糖类药物的分离纯化　常用的分离方法是乙醇沉淀法和离子交换色谱法。

（4）脂类药物的分离纯化　常用沉淀法（如丙酮沉淀法）、吸附色谱法（如硅胶吸附、氧化铝吸附），以及离子交换色谱法等。

（5）氨基酸类药物的分离纯化　常用方法有沉淀法、吸附法和离子交换法等。

综上所述，动物来源生物药物制备过程可用图3-15工艺流程框图表示。

图3-15　动物来源生物药物制备工艺流程框图

（二）微生物发酵制药工艺

1.微生物发酵制药的药物类型

微生物发酵制药的药物类型主要有：①抗生素类药物；②氨基酸类药物；③核苷酸类药物；④维生素类药物；⑤甾体类激素；⑥药用酶及酶抑制剂。

2.微生物发酵制药常用微生物

微生物发酵制药常用微生物主要有细菌、放线菌、酵母菌和霉菌，参见表3-2。

扫描二维码可查看"微生物发酵制药常用微生物"彩图。

扫码看彩图

微生物类别	微生物示例	目的产物
细菌 （应用最多的为杆菌）	枯草芽孢杆菌	蛋白酶、淀粉酶
	乳酸杆菌	乳酸
	梭状芽孢杆菌	丙酮、丁醇
	醋酸杆菌	醋酸
	北京棒状杆菌	味精
	氧化葡萄糖酸杆菌	维生素C
	产氨短杆菌	氨基酸及核苷酸
放线菌	龟裂链霉菌	土霉素
	金黄色链霉菌	金霉素
	灰色链霉菌	链霉素
	红链霉菌	红霉素
	红小单胞菌	庆大霉素
	委内瑞拉链霉菌	氯霉素
	卡那链霉菌	卡那霉素
酵母菌	酵母	饮料酒、酒精、甘油、柠檬酸、富马酸及脂肪酸等
	酵母	单细胞蛋白、酵母片等
	酵母	提取RNA、核苷酸、辅酶A、脂肪酸、磷酸甘油及乳糖酶等
霉菌 （应用最多的是曲霉属、青霉属）	黑曲霉	淀粉酶、蛋白酶、柠檬酸及葡萄糖酸等
	产黄青霉	青霉素

3.微生物培养所需的营养

微生物培养所需的营养物质按其类别主要有碳源、氮源、无机盐类、水、氧气及微量生长素等，参见表3-3。

▣ 表3-3　微生物培养所需的营养物质一览表

类别	小类	示例
碳源	有机碳源	葡萄糖、蔗糖、淀粉、脂肪酸、豆油等
	无机碳源	CO_2
氮源	有机氮源	玉米浆、花生饼粉、蛋白胨和酵母膏等
	无机氮源	硫酸铵、硝酸盐、氨水、尿素等
无机盐	主要元素	磷、硫、钠、钾、钙、镁等
	微量元素	锰、铁、铜、锌等
微量生长素	各种维生素	存在于天然碳源和氮源中，通常无须另外添加
	特殊的氨基酸	
水		以水作为配制培养基的介质
氧气		以搅拌或通入空气的方式供给

4.微生物发酵制药工艺流程

微生物发酵制药的生产工艺流程简图如图3-16所示。

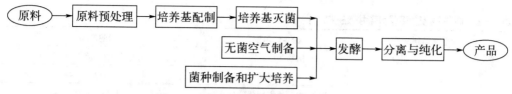

图3-16 微生物发酵制药工艺流程框图

上述生产过程主要包括以下环节。

（1）原料预处理 微生物发酵制药工业经常选用玉米、薯干、谷物等相对廉价的农产品作为微生物的"粗粮"，通常需要将这些原料粉碎。有些发酵前，还需要将淀粉质原料水解为葡萄糖。

（2）培养基配制 发酵培养基大多数是液体培养基，它是根据不同微生物的营养要求，将适量的各种原料溶解在水中，或者与水充分混合制成悬浮液。

（3）发酵设备和培养基的灭菌 最常用的培养基灭菌方法是采用高压水蒸气直接对培养基进行加热，从而杀死其中的微生物，称为蒸汽灭菌。

（4）无菌空气的制备 工业上往往需要高空采风，经压缩机加压后，采用加热和过滤等方法灭菌。

（5）菌种的制备和扩大培养 每次发酵前，都要准备一定数量的优质纯种微生物，即制备种子。为了保证合适的接种量，种子培养需要经过一个逐级放大的过程，包括从斜面接种到摇瓶，再从摇瓶接入种子罐，通过若干级种子罐培养后，再接种到发酵罐，参见图3-17。

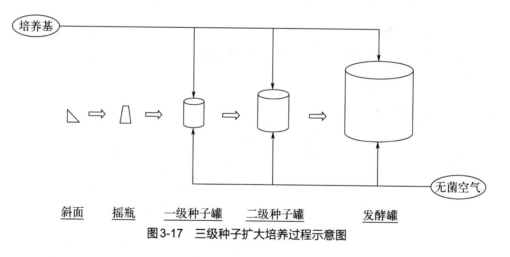

斜面   摇瓶   一级种子罐   二级种子罐   发酵罐

图3-17 三级种子扩大培养过程示意图

（6）发酵 工业发酵分为以下三种模式。

① 间歇发酵 是发酵工业最常见的操作方式。发酵过程中，除气体进出外，一般不与外界发生其他物质交换。

② 连续发酵 是指在发酵过程中，向生物反应器连续地提供新鲜培养基（进料），并排出发酵液（出料）的操作方式。

③ 流加发酵 流加发酵的特点是：在流加阶段按一定的规律向发酵罐中连续地补加营

养物和（或）前体，发酵罐不向外排放产物，罐中发酵液体积不断增加，直到规定体积后放罐。

（7）发酵产物的分离与纯化　发酵产物一般可分为两大类：能量代谢或称初级代谢产物与次级代谢产物。前者与碳源分解代谢产生能量的过程有关，如醇类、有机酸及大部分氨基酸等；后者往往与细胞的生长没有直接的关系，有些甚至是细胞排的废物，如抗生素等。发酵产物根据其是留在细胞内还是分泌到细胞外，可分为胞内产物和胞外产物。

图3-18展示了发酵产物分离纯化的一般工艺，主要步骤有：细胞破碎（只用于释放胞内产物）、固液分离（去除细胞或细胞碎片）、产物的初步分离和浓缩、产物纯化、产物的最终加工和包装。

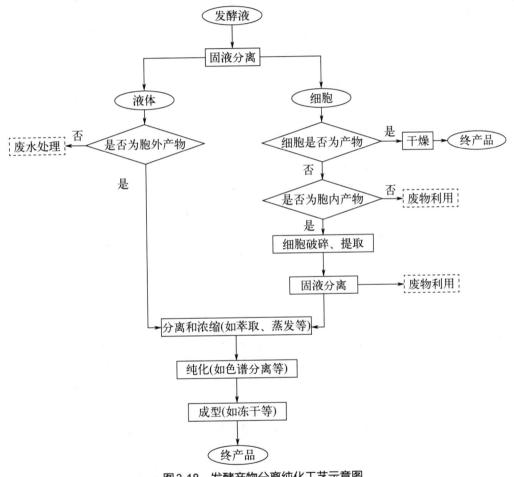

图3-18　发酵产物分离纯化工艺示意图

（三）现代生物技术制药的基本技术与工艺过程

1.现代生物技术制药的基本技术体系

现代生物技术制药是一个以基因工程为主导，包括了酶工程、细胞工程、发酵工程等在内的综合技术体系。

（1）基因工程制药　指利用重组DNA技术生产蛋白质或多肽类药物。

（2）酶工程制药　主要包括药用酶的生产和酶法制药两方面的技术。

（3）细胞工程制药　利用动物、植物细胞培养生产药物的技术。利用动物细胞培养可生产人生理活性因子、疫苗、单克隆抗体等产品；利用植物细胞培养可大量生产经济价值较大的植物有效成分，也可生产人活性因子、疫苗等重组DNA产品。

（4）发酵工程制药　指利用微生物代谢过程生产药物的技术。用于发酵工程的微生物大多数是具有优良特性的工程菌。发酵工程制药是在传统微生物发酵工艺的基础上发展起来的，它与传统的发酵法相比，有不同的特点，见表3-4。

▣ 表3-4　发酵工程制药与传统微生物发酵对比

对比项目	传统微生物发酵	现代发酵工程
操作方式	间歇发酵	连续或半连续发酵
细胞固定与否	悬浮细胞	固定化细胞
温度	较低	较高
细胞利用次数	1次	反复利用多次
获取菌种方法	天然菌种或化学物理方法诱变株	基因工程或细胞融合获得的新菌株
系统中成分测定方法	间接测定	利用传感器直接测定
过程控制	简单控制	电子计算机控制

上述基因工程、酶工程、细胞工程和发酵工程组成了现代医药生物技术的主体，它们相互依赖，相辅相成。就生产某种新的生物药物而言，往往需要综合应用上述几种技术和工程手段，但有一点必须明确，基因工程无疑在其中起着主导作用。

2.现代生物技术制药工艺过程

生物技术药物的生产是一项十分复杂的系统工程，分为上游和下游两个阶段。上游阶段是指构建稳定高效表达的工程菌（或工程细胞）；下游阶段包括工程菌（或工程细胞）的大规模发酵（培养），产品的分离纯化、制剂和质量控制等一系列工艺过程。

（1）基因工程菌的构建　生物技术药物的生产，首先要构建一个能产生各种药物的工程菌或工程细胞株。基因工程菌的构建主要在实验室内完成，步骤如下：

① 外源目的基因的获得，即取得带有目的基因的外源性DNA片段。

② 基因运载体的分离提纯。目前常用的基因运载体主要有两类，一类是质粒，另一类是病毒。

③ 重组DNA分子的形成。使带有目的基因的外源DNA片段和载体DNA分子连接起来，形成一个完整的DNA分子。

④ 将重组DNA分子引入受体细胞（宿主细胞），通过自体复制和增殖，形成重组DNA的无性繁殖系（即克隆），从而产生大量特定目的基因，并使之得到表达。

⑤ 重组菌的筛选、鉴定和分析。

⑥ 工程菌的获得。

（2）生物技术药物的发酵生产　目前基因工程菌的常用培养方式有补料分批培养、连续培养和透析培养。影响基因工程菌发酵的几个主要因素是：培养基的组成、接种量的大小、温度的高低、溶解氧的浓度、诱导时机及pH。

（3）生物技术药物的分离纯化

① 生物技术药物分离纯化的基本过程　一般包括细胞破碎、固液分离、浓缩与初步纯化（分离）、高度纯化直至得到纯品，以及成品加工等步骤。

② 分离纯化过程采用的技术　包括：

a.细胞收集技术。常用离心分离的方法。

b.细胞破碎技术。有机械破碎法和非机械破碎法两大类。

c.固液分离技术。主要有离心、膜过滤和双水相分配技术。

d.色谱技术。色谱技术是医药生物技术下游精制阶段的常用手段，主要有凝胶过滤色谱、离子交换色谱、疏水色谱、亲和色谱等。

生物技术药物生产的一般工艺过程参见图3-19。

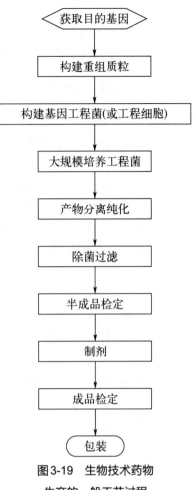

图3-19　生物技术药物生产的一般工艺过程

第五节　药物制剂

一、药物制剂的分类

临床常用的剂型有40多种，可以从不同角度进行分类。

1.按形态分类

可分为：

（1）固体剂型　如片剂、胶囊剂、颗粒剂、散剂；

（2）液体剂型　如注射剂、溶液剂、洗剂、搽剂；

（3）半固体剂型　如软膏剂、糊剂。

形态相同的剂型，制备特点较接近。本节后文多按此法分类叙述。

2.按分散系统分类

主要有：

（1）溶液型　药物以分子或离子状态分散于分散介质中形成的均相分散体系；

（2）胶体溶液型　指药物以高分子分散在分散介质中形成的均相分散体系；

（3）乳剂型　油类药物或药物油溶液以液滴状态分散在分散介质中形成的非均相分散体系；

（4）混悬型　固体药物以微粒状态分散在分散介质中形成非均相分散体系。

该分类方法便于应用物理化学原理阐明制剂特征。

3.按给药系统分类

可分为：

（1）经胃肠道口服；

（2）非经胃肠道口服的全部给药途径（如注射给药、黏膜给药等）。

该分类方法与临床应用密切相关。

二、药物制剂的处方组成

药物制剂的处方是指组成药物制剂的成分，通常包括药物（有效成分）和辅料。辅料是制剂中除有效成分外的其他成分。

1.不同剂型的辅料选用要求

不同的药物剂型，根据剂型的特点、质量要求、临床应用需要，须选用不同的辅料。这部分涉及内容很多，现举例如下。

（1）片剂　影响片剂成型的辅料有填充剂、吸收剂、黏合剂；影响崩解和溶出度的辅料有崩解剂、润湿剂与增溶剂、阻滞剂；促进顺利压片的辅料有助流剂、润滑剂、可压性辅料。

（2）注射剂　需加入等渗与等张调节剂；为提高注射剂的稳定性，需使用pH调节剂、抗氧剂、金属螯合剂；此外还要使用适当的溶剂、增溶剂、助溶剂等。

（3）液体制剂　为增加固体药物润湿性和溶解度，需使用适当的溶剂、增溶剂、助溶剂；还需使用pH调节剂、抗氧剂等。

（4）半固体制剂（软膏剂、栓剂等）　常用的辅料有赋形剂、乳化剂、保湿剂、防腐剂等。

2.常用药用辅料

（1）药用高分子材料　按来源可分为：天然高分子（如明胶、淀粉等）、半合成高分子（如羧甲基淀粉）和合成高分子（如热固性树脂）。药用高分子材料用途有三：①在传统剂型中应用的高分子材料；②控释、缓释制剂和靶向制剂中应用的高分子材料；③包装用的材料。

（2）表面活性剂（SAA）　品种繁多，其在药剂中应用广泛，常用于难溶性药物的增溶、油的乳化、混悬剂的助悬等。阳离子表面活性剂还用于消毒、防腐、杀菌等。一种表面活性剂往往有多重作用。

（3）防腐剂　如苯甲酸、山梨酸等。

（4）矫味剂　一般包括甜味剂（如蔗糖）、芳香剂（如柠檬挥发油）、胶浆剂（如阿拉伯胶）和泡腾剂（如枸橼酸和碳酸氢钠的混合物）四类。

（5）着色剂　常用的着色剂有天然色素和合成色素。

三、药物制剂工程的含义

药物制剂工程是一门综合运用药剂学、工程学及相关理论和技术，研究制剂生产实践的应用科学。它吸收、融合了材料科学、机械科学、粉体工程学、化学工程学等学科的理论和实践，研究制剂工业生产的基本理论、工艺技术、生产设备和质量管理与控制等。

药物制剂工程的主要任务就是实现规模化、规范化生产制剂产品，为临床提供安全、有效、稳定、便利的优质药品。

四、几类药物制剂生产工艺

药物制剂的生产是按照规定的处方，以一定的生产工艺流程，利用特定的制药机械生产出一定质量标准的制剂。药物制剂的生产工艺为原料药加上辅料制成剂型的过程。下面对几种主要剂型的生产工艺作简要介绍。

1.固体制剂

常用的固体制剂有：①散剂（powders）；②颗粒剂（granules）；③胶囊剂（capsules）；④片剂（tablets）；⑤丸剂（pills）。

常用的固体制剂制备工艺流程如图3-20所示。

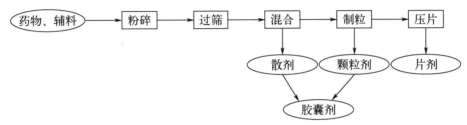

图3-20　固体制剂工艺流程示意图

2.液体制剂

液体制剂是指药物分散在适宜分散介质中形成的液体形态药剂，可分为溶液剂、混悬剂及乳剂。现将其制备方法简述如下。

（1）溶液剂（solutions）　将药物溶解于适当溶剂中，制成均匀稳定的液体制剂。

（2）混悬剂（suspensions）　大多采用分散法制备，即将药物粉碎成适宜的粒度，加入其他辅料，再分散于分散介质而成。

（3）乳剂（emulsions）　乳剂是指互不相溶的两种液体混合，其中一种液体以液滴形式分散于另一种液体中形成的非均相分散体系。制备方法有多种，此处举二：

① 湿胶法　也叫水中乳化剂法，将阿拉伯胶分散于水相中，加油搅拌制成初乳，再加其他附加剂，加水稀释至全量，混匀。

② 干胶法　也叫油中乳化剂法，将阿拉伯胶分散于油相中，加水搅拌制成初乳，再加其他附加剂，加水稀释至全量，混匀。

3.灭菌制剂

灭菌制剂主要有：注射剂（injections）、输液（infusions）、滴眼剂（eye drops）。

图3-21给出了其中注射剂的制备工艺流程及环境区域划分示意图。

4.半固体制剂

常见的半固体制剂有：软膏剂（ointments）和栓剂（suppositories）。

图3-22和图3-23分别给出了软膏剂、栓剂的制备工艺流程框图。

5.气雾剂

气雾剂（aerosprays）　是指药物与适宜抛射剂共同封装于具有特制阀门系统的耐压容器中，借助抛射剂汽化产生压力，将内容物喷洒成雾状微粒的制剂。

气雾剂制备工艺流程如图3-24所示。

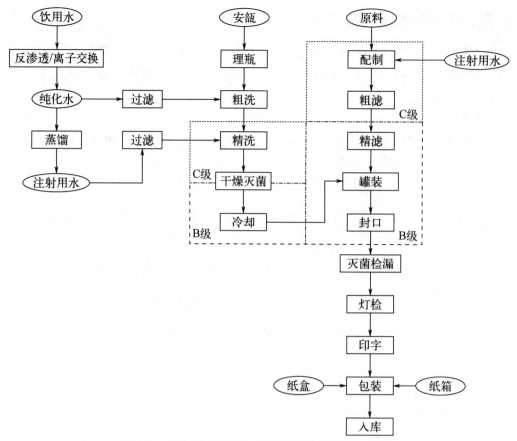

图 3-21　注射剂制备工艺流程及环境区域划分示意图

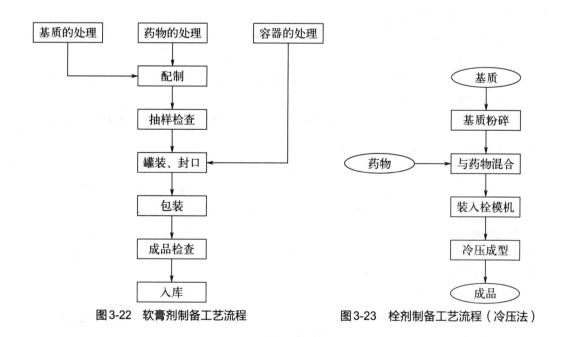

图 3-22　软膏剂制备工艺流程

图 3-23　栓剂制备工艺流程（冷压法）

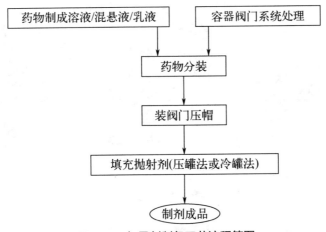

图 3-24　气雾剂制备工艺流程简图

第六节　制药设备

前面几节分别介绍了化学制药、中药制药、生物制药和药物制剂等领域的基本概念和工艺过程，也提到了一些制药设备。本节将系统介绍制药设备知识。

一、制药设备分类与典型制药设备

药品生产企业为进行生产所采用的各种机器设备都属于制药设备的范畴。由于制药设备种类繁杂、数目庞大，为了学习、研究，或者使用、管理的方便，需要对其进行分类。本书主要采用以下两种分类方法。

（一）按原理分类

根据制药设备设计时所依据的工程原理的不同，可分为两类。

1.制药化工设备

原料药的生产过程与一般化学品、生物产品等的生产过程有相通之处，亦即原料药的生产要通过反应（化学或生物反应）、分离、加热、冷却、混合、溶解等单元过程，因此与其他流程工业一样，药物的生产过程也需要有相应的设备，如反应釜、罐、塔等。这类设备的设计主要依据过程工程原理。

由于药品是一类特殊的商品，制药化工设备又有其特殊性，必须符合《药品生产质量管理规范》（GMP）的要求。此外，由于制药分离技术装备必须适应原料药生产中药物成分含量低、稳定性差和药品质量要求高的特点，往往需要对化工分离技术装备加以改进和发展，然后才能应用于制药生产。图 3-25 为常见的制药化工设备离心泵、反应釜和精馏塔。

2.制药机械设备

在制药生产中，广泛使用诸如粉碎机、压片机、灌装机、包装机等机器。这些机器一般都由动力部分、执行部分和传动部分所组成。设计这类机器设备时，主要依据机械工程原理。图 3-26 为常见的制药机械设备粉碎机、制粒机和压片机。

(a)离心泵

(b)反应釜

(c)精馏塔

图3-25 离心泵、反应釜和精馏塔

(a)摇摆式粉碎机

(b)湿法制粒机

(c)旋转式压片机

图3-26 摇摆式粉碎机、湿法制粒机和旋转式压片机

一般说来，原料药生产设备以化工设备为主，机械设备为辅；而药物制剂生产设备则以机械设备为主（大部分为专用设备），化工设备为辅。

药物剂型很多，有片剂、针剂、粉针剂、胶囊剂、颗粒剂、口服液、栓剂、膜剂、软膏、糖浆等。一般情况下每生产一种剂型，都需要一套专用生产设备。

制剂专用设备又分为以下两种形式。

（1）单机生产 由操作者衔接和运输物料，完成整个生产过程。片剂、颗粒剂等基本上采用这种形式生产。单机生产规模可大可小，比较灵活，容易掌握，但受人为的影响因素较大，效率较低。

（2）联动生产线（或自动化生产线） 将原料和包装材料加入，通过机械加工、传输和控制，完成生产。输液剂、粉针剂等常为联动生产线生产。联动生产线生产规模大、效率高，但操作、维修技术要求较高，对原材料、包装材料质量要求也高，一处出现故障，就会影响整个联动生产线的生产。

扫描二维码查看"某药厂流水线生产设备"。

扫码看彩图

（二）按用途分类

根据设备的用途，可将制药设备分为8类。

1.原料药生产用设备及机械

这类设备包括化学和生物反应设备（如反应釜、发酵罐）、分离设备（如结晶器、萃取设备）、物料输送设备（如泵、风机、螺杆加料器）等。其中，关键的是反应设备和分离设备。

2.药物制剂机械与设备

将药物制成各种剂型的机械与设备，包括片剂机械、水针剂（小容量注射剂）机械、粉针剂机械等。每一类制剂机械设备又包含多种功能的操作设备，如片剂生产用设备，包含高效混合制粒机、高速自动压片机、包衣机以及铝塑包装机械等；水针剂（小容量注射剂）生产用机械设备，包含配料罐及过滤系统、自动灌装设备、水浴式灭菌柜，以及在线检测设备等。

3.药用粉碎机械

用于药物粉碎（含研磨）并符合药品生产要求的机械，包括万能粉碎机、超微粉碎机、气流粉碎机、球磨机等。图3-27展示的是气流粉碎机。

4.饮片机械

对天然药用动、植物材料进行选、洗、润、切、烘等处理，制取中药饮片的机械，包括选药机、洗药机、烘干机、切药机、润药机、炒药机等。图3-28为切药机图片。

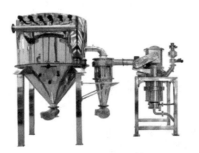
图3-27 气流粉碎机

图3-28 切药机

5.制药用水设备

采用各种方法制取药用纯水（含蒸馏水）的设备，包括电渗析设备、反渗透设备、离子交换设备等，以及纯蒸汽发生器、多效蒸馏水机和热压式蒸馏水机等。图3-29为反渗透设备。

6.药品包装机械

完成药品包装过程以及与包装相关的机械与设备，包括小袋包装机、泡罩包装机、瓶装机、印字机、贴标签机、装盒机、捆扎机、拉管机、安瓿制造机、制瓶机、吹瓶机、铝管冲挤机、硬胶囊壳生产自动线。图3-30为高速装盒机。

图3-29 反渗透设备

图3-30 高速装盒机

7.药物检测设备

检测各种药物制品或半成品的机械与设备，包括崩解仪、溶出度试验仪、融变仪、脆碎度仪和冻力仪，以及紫外可见光分光光度计、近红外分光光度计和高效液相色谱仪等。图3-31为崩解仪与溶出度试验仪。

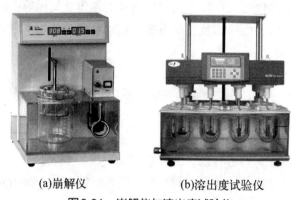

(a)崩解仪　　　　　　(b)溶出度试验仪

图3-31　崩解仪与溶出度试验仪

8.制药用其他机械设备

包括空调净化设备、局部层流罩、送料传输装置、提升加料设备、不锈钢卫生泵以及废弃物处理设备等。图3-32为洁净车间常见的传递窗与层流罩。

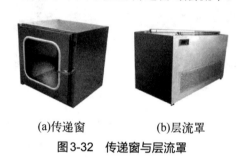

(a)传递窗　　　　　(b)层流罩

图3-32　传递窗与层流罩

二、制药装备新进展

制药设备对药品的质量起着举足轻重的作用。一个好的设备既要满足制药工艺的要求，又要符合GMP标准，还要方便操作，便于维护、维修、清洗灭菌等。当前，制药设备出现了一些新的技术。

1.微通道反应器技术

微通道反应器是指利用精密加工技术制造的，通道当量直径在 $10\sim300\mu m$（或 $1000\mu m$）的反应器，也叫微反应器。微反应器的"微"表示工艺流体的通道在微米级别，而不是指反应设备的外形尺寸小或产品的产量小。微反应器中可以包含成百万、上千万的微型通道，因此也可实现很高的产量。

微反应器内部结构细微，设备具有极大的比表面积，可达到搅拌釜比表面积的几百倍甚至上千倍。微反应器有着极好的传热和传质能力，可以实现物料的瞬间均匀混合和高效传热，许多在常规反应器中无法实现的反应可以在微反应器中实现。

目前微反应器在化工工艺过程的研究与开发中，已经得到广泛的应用，商业化生产中的应用正日益增多。其主要应用领域包括：有机合成过程、微米和纳米材料的制备、日用化学品和原料药的生产。图3-33为某公司制造的微通道连续流反应器。

图3-33　微通道连续流反应器

2.制药设备模块化设计

图3-34（a）为某包装设备有限公司生产的胶囊充填机，它可以将粉剂、丸剂、液体或片剂充填到硬胶囊中。该设备设计灵活，可以使得两种充填单元互换，让不同机器配置和充填组合的即插即用转换成为可能；可实现多产品复合充填（在同一胶囊中充填3～5种产品），产量达到100000粒胶囊/h。此外，该设备产品装量单独检测，可以实现总重或净重100%控制；清洁和维护操作简单；根据要求，可配置高隔离防护系统，满足GMP要求。

图3-34（b）为该公司生产的另一种制药设备高速旋转式灌装机。该设备同样采用模块化设计，拥有多达24个灌装头及10个密封头，输出速度达到450瓶/min，分装剂量可达1000mL。适合处理制药工业中多种类型、多种形状及采用多种密封形式的塑料、玻璃瓶的操作，可实现CIP及SIP。

(a)胶囊充填机　　　　　　(b)高速旋转式灌装机

图3-34　胶囊充填机和高速旋转式灌装机

3.无菌隔离技术

隔离技术源于第二次世界大战时的手套箱，当时主要用于放射性物质的处理，其实质是为了保护操作人员免受放射性物质的伤害。战后，这种适用于核工业的隔离技术逐渐被应用于制药工业、食品工业、医疗领域、电子工业、航天工业等众多的行业。

隔离技术在制药工业中的应用，不仅满足了对产品质量改进的需要，同时也能用于保护操作者免受在生产过程中有害物质和有毒物质带来的伤害。随着生物医药技术、微电子等技术的快速发展，以及对洁净技术要求不断提高，传统的洁净室（局部屏蔽）已越来越不能满足使用者的需求，无菌隔离技术应运而生。

无菌隔离技术是一种采用物理屏障手段，将受控空间与外部环境相互隔绝的技术。采用无菌隔离技术，为用户带来一个高度洁净、持续有效的操作空间，能极大限度降低微生物、各种微粒和热原的污染，实现无菌制剂生产全过程以及无菌原料药的灭菌和无菌生产过程的无菌控制。

图3-35为国内某制药企业引进的一条用于抗癌药生产的带隔离器的液体灌装线。这套设备可在C级或D级洁净区使用，其特点主要有：

（1）自动汽化过氧化氢灭菌器灭菌，省时省力，气体分布均匀，效果较好，容易进行GMP验证；

（2）与外界完全隔离，仅通过高效空气过滤器（HEPA）进行空气交换，并可恒定隔离舱内的压力，以阻绝外界污染；

（3）采用双门或RTP快速传递系统，保证了在无菌环境中的传递；

（4）能够明显降低操作和维护的成本，洁净室要求C级或D级，与B+A方式相比，投资成本大大降低。

图3-35　带隔离器的液体灌装线

4.BFS三合一无菌灌装技术

BFS三合一无菌灌装技术，即吹瓶（blow）／灌装（fill）／封口（seal）一体机技术，是塑料无菌包装制剂生产的一项先进技术。设备在受控的无菌环境下分别完成塑料容器的吹瓶、灌装、封口的整个过程，具有明显的技术优势。

GMP和药典对水针剂的生产提出了严格的要求，特别是对灭菌温度进行了硬性的规定。因此，PE材料将无法应用在塑料水针剂的生产。但由于PP材料的性质与PE材料差别较大，PP材料安瓿生产设备必须具备特定的性能方能长期、稳定运行。

图3-36是某公司生产的三合一无菌灌装机。该无菌灌装机是专门为使用PP材料而设计、制造的，它无须更换任何部件即可随时更换原材料，如PP、PE、HDPE。该灌装机具

有下列特点：①通用性好，无须更换任何部件即可生产PE、PP以及HDPE容器；②可靠性高，结构坚固，运行平稳；③生产成本和维护费用低；④占地面积小；⑤产量高。

图3-36　BFS三合一无菌灌装机

第七节　药品生产质量管理

本节讨论药品生产质量管理工程、药品生产质量管理规范，以及两者之间的联系与区别。

一、药品生产质量管理工程（PQE）

药品生产质量管理工程（PQE）是指为了确保药品质量万无一失，综合运用药学、系统学、工程学、管理学及相关的科学理论和技术手段，以《药品生产质量管理规范》（GMP）为核心内容，对生产过程中影响药品质量的各种因素进行有效控制的管理方法和实用技术的总和。

PQE涉及的内容很多，如资源管理、设备管理、过程管理、文件管理、仓储管理、营销管理等。

在药品全生命周期管理中，基础研究决定了药品的安全性和有效性，而工艺研究和规模化生产的目的是确保药品的质量可控，能持续稳定满足该药品质量所有特性要求，并以经济合理、百姓可负担的价格向市场提供商品，为公共卫生和人类健康服务。其中有技术，也有管理，两者缺一不可。那种"重技术、轻管理"的传统观念，被以"反应停"为代表的众多药害事件彻底否定。实际上，人们很早就已认识到管理也是科学，且诞生了全面质量管理（TQM）、系统工程学等学科。GMP就是这些理论在药品生产和医疗器械生产中的具体应用。

📋 **知识拓展** ....

全面质量管理

全面质量管理（total quality management，TQM），是一个以产品质量为核心，以全员参与为基础，目的在于通过让顾客满意和本组织所有成员及社会受益而达到长期成功的管理途径，是改善企业运营效率的一种重要方法。

TQM的核心理念：①顾客满意：坚持"用户至上"；②经济原则：用最小的投入获取

最大的功能价值，追求组织最大的经营绩效和个人最大的工作绩效；③持续改善：建立以PDCA循环为基础的持续改进的管理体系。这里的PDCA是指计划（plan）、执行（do）、检查（check）和处理（act）。

二、药品生产质量管理规范（GMP）

1.GMP的概念

GMP，全称为Good Manufacturing Practice，中文含义是"生产质量管理规范"。GMP是世界各国对药品生产全过程监督管理普遍采用的法定技术规范。

GMP作为质量管理体系的一部分，是药品生产管理和质量控制的基本要求，旨在最大限度地降低药品生产过程中污染、交叉污染以及混淆、差错等风险，确保持续稳定地生产出符合预定用途和注册要求的药品。

2.GMP主导思想

药品质量至关重要，药品质量形成于生产过程，药品的质量检验具有破坏性（经检验的药品不再具有使用价值），实现药品在生产过程中的质量控制与保证的关键在于有效的预防。因此，在药品生产过程中，要有效控制所有可能影响药品质量的因素。

3.GMP的特点

（1）GMP的条款仅指明要求的目标，没有列出如何达到这些目标的解决办法；

（2）GMP的条款是有时效性的；

（3）GMP强调药品生产和质量管理的法律责任；

（4）GMP强调生产过程的全面质量管理；

（5）GMP重视为用户提供全方位、及时的服务。

4.GMP的内容

GMP的内容很广泛，可从不同角度来概括其内容：

（1）从专业性管理的角度，GMP可以分为质量控制和质量保证两大方面。前者是对原材料、中间品、产品的系统质量控制，主要办法是对这些物质的质量进行检验，并随之产生了一系列工作质量管理；后者是对影响药品质量的、生产过程中易产生的人为差错、污染异物引入进行系统严格管理，以保证生产合格药品。

（2）从系统的角度，GMP可分为硬件系统和软件系统。硬件系统主要包括对人员、厂房、设施、设备等的目标要求，这部分涉及必需的人、财、物的投入，以及标准化管理；软件系统主要包括组织机构、组织工作、生产工艺、记录、标准操作规程、培训等，可以概括为以智力为主的投入产出。

本书将在第五章第二节中进一步学习我国现行GMP的主要内容。

三、PQE与GMP之间的联系与区别

药品生产质量管理工程（PQE）与药品生产质量管理规范（GMP）只有两字之差，一个是"工程"，另一个是"规范"，反映了两者既相通，又有所不同。相通之处在于两者均

围绕"药品生产质量管理"这一核心内容；不同之处在于"工程"侧重的是科学技术，"规范"侧重于法规。GMP提出目的和要求，但未规定实施的方法。而药品生产质量管理工程PQE则以GMP为核心内容和基本原则，用系统工程和质量管理工程的方法，研究GMP的具体化和实施途径，从根本上预防生产过程中的污染、交叉污染和差错的发生。

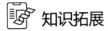 **知识拓展** ···

GMP的分类

现行GMP，从其适用范围来看，可分为以下三类。

（1）具有国际性质的GMP 如WHO制定的GMP、欧洲自由贸易联盟制定的GMP、东南亚国家联盟的GMP等。

（2）国家权力机构颁布的GMP 如我国国家药品监督管理局、美国FDA、英国卫生和社会保障部、日本厚生省等政府机关制定的GMP。

（3）工业组织制定的GMP 如美国制药工业联合会制定的GMP，其标准不低于美国政府制定的GMP。

···

第八节 制药工程技术新进展

随着全球医疗需求持续增长和患者对药品质量、可及性的要求不断提升，制药行业正经历着前所未有的技术变革。特别是在个性化医疗兴起、法规监管趋严以及生产成本优化等多重压力驱动下，传统制药模式已难以满足产业发展需求。在此背景下，制药工业4.0概念应运而生，其核心在于通过深度整合物联网、大数据、人工智能等先进技术，推动生产范式向智能化、连续化方向转型。本节主要介绍制药工业4.0，以及目前业界高度关注的药品连续制造技术和制药过程分析技术（PAT）。

一、制药工业4.0

1.制药工业4.0概述

制药工业4.0的愿景是：可以实现即时、在线、全程对药品的生产制造和流通消费进行自动监控，并自动生成不可篡改的数据，自动读取数据，自动将数据存储到云端，实现零延时，无死角，无盲区。

智能工厂是制药工业4.0的一大重要主题，主要研究智能化生产系统和过程，以及网络化分布式生产设施的实现。其核心是将设备、生产线、工厂、供应商、产品、客户等紧密地连接在一起。

工业4.0的本质是基于信息物理系统（cyber physical system，CPS），实现"智能工厂"和"智能制造"，其基础是CPS。CPS是一个综合计算、网络和物理环境的多维复杂系统，通过3C技术（通信communication、计算computation和控制control）的有机融合与深度合

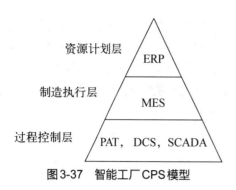

资源计划层 ERP

制造执行层 MES

过程控制层 PAT, DCS, SCADA

图3-37 智能工厂CPS模型

作，让物理设备具有计算、通信、控制、远程协调和自治五大功能。它的出现实现了虚拟网络世界（云端）与现实物理世界（制造厂）的融合，结合传感器、微处理器、执行器、联网能力装置的整合控制系统，实现智能工厂的实时感知、动态控制和信息服务。

智能工厂的CPS是一个具有三层架构的集成系统，参见图3-37。与生产计划、物流、能源和经营相关的企业资源计划（enterprise resource planning，ERP）处在金字塔最上层，与制造生产设备和生产线控制、调度、排产等相关的制造执行系统（manufacturing execution system，MES）处于中间，由过程分析技术（PAT）和分布式控制系统（DCS）等构成的过程控制系统处于底层。

ERP是一个有效组织、计划和实施企业人财物管理的系统，对企业内部资源进行整合，提高企业管理效率。

广义的MES，是以制造为核心，从客户下单到交付给客户，对计划、工艺、制造、物流、质量和设备等进行精益化管理和指挥协同的信息化平台。生产是工厂所有活动的核心，MES是工业软件的核心。MES的核心功能是对生产制造的所有相关信息的全息建模，在精确数据的基础上，进行生产过程监控、质量管理、设备监控、计划执行及智能分析等。MES是沟通计划层和控制层的桥梁。

过程控制系统主要包括PAT、DCS、SCADA（组态监控系统）、SIS（安全仪表系统）、PLC（各类可编程逻辑控制器）控制系统等。

2.实现制药工业4.0的三个阶段

（1）自动化 实现制药工业4.0的最基本原则就是设备的自动化。一般企业担心自动化会使成本增加，但实际上自动化并不一定增加成本，相反自动化是降低成本的有效保证。自动化可以避免人工带来的生产偏差和因偏差而引起的一系列成本，使生产出来的产品均一化，有利于大规模、大批量生产。

（2）信息化+数字化 包括：①信息技术应用，如利用信息获取技术（传感技术、遥测技术）、信息传输技术（光纤技术、红外技术、激光技术）、信息处理技术（计算机技术、控制技术、自动化技术）等，改进作业流程，提高作业质量。②信息内容数字化，即不仅将设计信息、生产信息、经营信息、管理信息等各类作业系统信息生成和整理出来，还使上述各类信息规范化、标准化或知识化，最后进行数字化，以利于查询和管理。当前，我们正从IT时代走向DT时代，建立在信息化基础上的大数据是工业互联网的命脉。

（3）智能化 智能化阶段，制药企业将广泛使用智能制造装备并应用计算机网络技术，实现智能生产，从而构建高效节能、绿色环保的智慧工厂。

图3-38为某生物制药厂智能制造车间。

图3-38 某生物制药厂智能制造车间

二、药品连续制造技术

1.药品连续制造的含义

随着在线控制和监测功能在设备上的嵌入与整合技术的快速发展，质量源于设计（QbD）概念也让建模预测和实验设计等方法更好地与制药生产过程联系起来，未来的药品生产正在朝着连续生产的目标发展。

所谓连续生产，通常包含一个或多个工艺过程，使用信息自反馈控制的仪器设备，实现连续加入原辅料、中间体处理加工，不间断生产出品质良好的产品。

实现连续生产具有诸多益处，可以实现过程控制，减少或去除终产品的质量检验，可以连续不断地生产出质量可控、均一的产品，还可以随时处理不同批量的产品，以满足市场的需求，减少库存成本。

2.药品连续制造的进展

2017年，美国FDA提出了口服固体制剂连续生产的建议文稿；2019年，美国FDA又提出了连续生产质量指南草稿，供各制药企业参考。

2021年7月，ICH正式发布了Q13《原料药与制剂的连续制造》指南，公开征询意见。指南描述了连续制造（CM）的开发、实施、操作和生命周期管理的科学和监管考虑因素。该指南适用于化学实体和治疗性蛋白质原料药和制剂的连续制造；适用于新产品（例如，新药、仿制药和生物类似药）的连续制造以及现有产品从批制造转变为连续制造。另外，该指南指出，指南中的原则也可能适用于其他生物/生物技术实体。

2023年，我国国家药品监督管理局药品审评中心发布了《化药口服固体制剂连续制造技术指导原则（试行）》，标志着我国药品连续制造进入实质性推动阶段。

三、制药过程分析技术（PAT）

1.过程分析的概念

过程分析的目的是通过分析的在线化、动态化、自动化，及时地获得过程质量相关信息，进而对过程进行控制，以解决要求越来越高的质量、节能、降耗、环保、安全等问题。

最初的PAT处于"在过程中分析"的阶段，即采用在线/线内仪器或技术对生产过程物料进行化学分析。随着现代工业生产水平的发展，仅物料分析已不能满足要求，还需要掌控过程的整体运转状态和规律，这就促进了"在过程中分析"向"过程的分析"发展。分析的内涵除获取过程中物料理化性质之外，扩展到了整个系统信息综合与集成的层面，具体包括：确定过程开发中与产品质量相关的过程关键属性，设计可靠的工艺流程来控制这些属性，选用适合的过程传感器或分析方法，对整个过程信息进行系统的选择或校正，并从中归纳过程运行的规律，建立数据管理系统处理过程的海量信息。

2.过程分析技术的应用

过程分析技术在制药行业实施QbD方面发挥着重要作用，可帮助了解过程、提供关于有效过程设计的信息，以及对过程进行监控，确保符合与保持质量属性。实时分析是这种方法的核心，允许在原位对影响质量的数据进行收集与分析，而不是仅仅依赖于传统的离线、运行后质量保证（QA）与控制（QC）方法。

实时在线分析涉及的技术包括：

（1）用于pH、氧、温度与压力的单一用途传感器；

（2）原位FTIR与拉曼光谱仪等成分监控装置，帮助全面了解反应以及实时监控过程；

（3）提供粒度、粒度分布以及原位成像的基于光学探头的粒度分析仪；

（4）自动提取以及制备反应样品，以进行离线分析的反应取样装置；

（5）用于在开发与放大生产期间了解过程的自动化实验室反应器（ALR）。

扫描二维码可查看"几种PAT实时在线分析工具"。

扫码看彩图

📋 学习小结

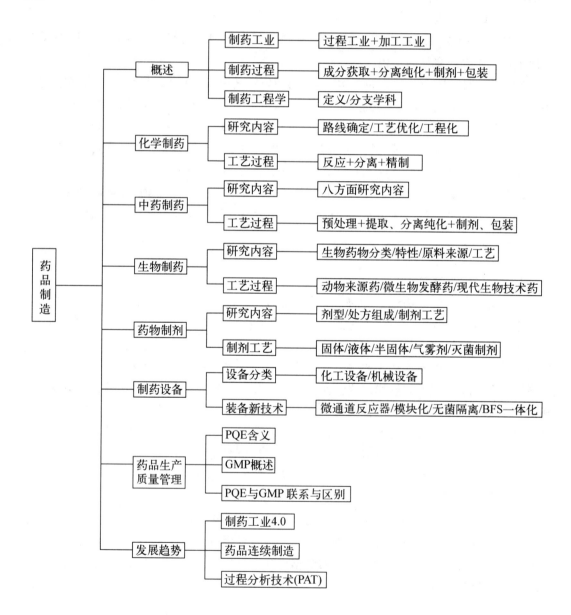

参观现代生物医药企业

一、参观目的

（1）了解所参观生物医药企业的发展历史、行业地位和发展前景。

（2）了解所参观企业的主要产品及其用途、生产工艺，以及典型设备的用途。

（3）了解所参观企业有关质量、安全、健康、环保等方面的重要规章制度。

二、参观内容与步骤

（1）集中讲解：兼职老师介绍企业的发展历史、主要产品、发展前景等。

（2）分组参观：有序参观企业相关车间，了解其主要产品、生产流程、主要设备，以及重要的管理规章制度。

（3）总结交流：个人撰写参观小结，并在小组会上交流心得体会。

三、参观示例

参观某合成生物学企业

胶原蛋白（简称胶原）是人体组织器官的主要结构蛋白，参与人体组织修复。目前已知胶原蛋白有28种类型。胶原蛋白占人体蛋白质总量的30%~40%，是人体最重要的组成材料。

扫描二维码可查看"胶原蛋白三股螺旋结构示意图"。

扫码看彩图

胶原蛋白在临床上广泛应用于人体皮肤、口腔、硬脑膜等组织的修复，以及医疗美容等领域。目前国内外市场上的胶原产品有两大类：一是由动物组织及同种异体组织（皮肤、胎盘等）制备的；二是重组胶原蛋白。

重组胶原蛋白是利用重组DNA技术制备的胶原蛋白，其氨基酸序列可根据需求进行设计改进，如重组人源化胶原蛋白的重复单元与人胶原蛋白氨基酸序列特定功能区相同。

此次参观的企业是一家集研发、生产和销售于一体的重组胶原蛋白企业。

（一）企业概况

企业成立于2015年，是一家专注于创新蛋白/核酸药品与新型生物材料研发、生产与销售的科技创新型企业。长期布局损伤修复、组织再生等生命健康新材料领域。

（二）组织架构

企业的组织架构情况见图3-39，有专门的战略发展中心、技术发展中心和产品研发中心。

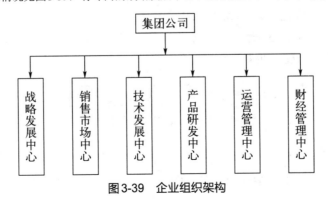

图3-39　企业组织架构

（三）主要产品

1.生物原料类产品

（1）重组Ⅰ型人源化胶原蛋白　公司开发的重组Ⅰ型人源化胶原蛋白，与成人Ⅰ型胶原α1链全长氨基酸序列同源性100%，消除了以毕赤酵母为宿主时产生的主要降解条带，该变体序列具有自主知识产权，具备工业量产能力。重组Ⅰ型人源化胶原蛋白可为临床医学、生物医药、美容护肤等领域提供新型活性生物医用材料。

（2）重组Ⅲ型人源化胶原蛋白　公司开发的重组Ⅲ型人源化胶原蛋白，拥有自主知识产权，具备工业量产能力。它与成人Ⅲ型胶原α1链全长氨基酸序列同源性100%。重组Ⅲ型人源化胶原蛋白可为临床医学、生物医药等领域提供新型活性生物医用材料。

（3）重组ⅩⅦ型胶原蛋白　公司采用合成生物学技术，优选高生物活性位点，以真核酵母细胞作为表达系统，利用生物发酵技术突破性实现了重组ⅩⅦ型胶原蛋白的绿色制造。体外动物研究显示，重组ⅩⅦ型胶原蛋白具有皮肤组织修复和促进毛发生成的功效。同时采用的合成生物学技术实现了绿色制造，该技术路线避免了传统动物源提取和化学合成法带来的化学试剂和废水等环境污染问题，确保了产品可持续绿色制造。

扫描二维码可查看"重组Ⅲ型人源化胶原蛋白α1链结构示意图"。

扫码看彩图

2.医疗/化妆品终端类产品

（1）酵母重组胶原蛋白敷料贴　由酵母重组胶原蛋白、透明质酸钠等组成。

（2）酵母重组胶原蛋白凝胶　由酵母重组胶原蛋白、凝胶剂、保湿剂等组成。

（3）酵母重组胶原蛋白液体敷料　由酵母重组胶原蛋白、保湿剂和磷酸盐缓冲液等组成。

（4）酵母重组胶原蛋白修复敷料　由酵母重组胶原蛋白、乳化剂、保湿剂、pH调节剂和纯化水等组成。

（四）典型工艺

基因重组法生产胶原蛋白，是将人体胶原蛋白基因进行特定序列设计、酶切和拼接、连接载体后转入工程细胞，通过发酵表达生产胶原蛋白。通过基因重组技术获得其结构与生物特性，这类胶原与人体内自身的胶原蛋白更加相似。目前已有多种通过基因工程技术生产重组胶原蛋白的方法，各方法全面涉及大肠杆菌、酵母、昆虫细胞、转基因作物等不同表达体系。

基因重组法制备重组胶原蛋白主要包括表达体系的构建、发酵以及纯化3个过程。

（1）表达体系构建：解构特定类型胶原蛋白的基因图谱，将基因进行特定序列设计、酶切和拼接、连接载体后转入宿主细胞；

（2）发酵：培养宿主细胞，使其发酵生产胶原蛋白；

（3）纯化：对菌液进行离心、过滤、离子交换、洗脱和冷冻干燥等纯化处理。

图3-40给出了重组胶原蛋白生产工艺框图。

图3-40　重组胶原蛋白生产工艺框图

（五）典型设备

重组胶原蛋白生产的中下游装备主要有若干大小不一的发酵设备、固液分离设备、蛋白分离纯化设备，以及蛋白冷冻干燥设备等。

图3-41为年产2.5t重组Ⅲ型人源化胶原蛋白的成套生产装置。扫描二维码可查看该套装置中的"三级发酵罐"。

扫码看彩图

（六）科技研发

该公司高度重视科技研发工作。截至2023年年底，公司拥有10项授权发明专利，36张产品注册证，5种三类医疗器械进入临床试验，还参与制定了多个行业标准。

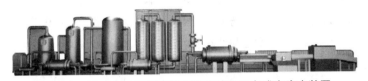

图3-41　年产2.5t重组Ⅲ型人源化胶原蛋白成套生产装置

在新品研发方面，该公司首次合成特定序列、特定尺度、特定空间构象和特定生物学特性的原料药四面体核酸，即DNA四面体纳米材料（TDN）。已证实TDN可高效、自由穿过细胞膜，具有良好的生物相容性、生物安全性、低免疫原性、易编辑性、核酸酶抗性和体内稳定性，并在此基础上发展建立基于TDN的新型基因药物递送系统。

（七）环境保护

该公司制订了"安全第一，保证健康，减少风险；环保领先，节能降耗，预防污染；遵守法规，持续改进，全员参与"的ESH方针，发布了《ESH管理手册》及覆盖各环境因素的一系列管理文件，并在生产运营中严格执行，确保环境相关风险得到有效控制。

公司严格废气、废水、固体废弃物和噪声管理。建立了污水站废气塔，用以净化生产过程中产生的废气。

思考题

1.工业制药过程涉及哪两类工业？药品生产过程一般可划分为哪几个阶段？

2.支撑制药工程的学科有哪些？

3.制药工程的分支学科有哪些？

4.制药工程技术主要包含哪些内容？

5.简述化学制药生产工艺与过程开发的主要内容。

6.简述中药制药工程的研究内容。

7.简述生物技术制药上游、下游的分工，以及基因工程菌的构建步骤。

8.制药设备有哪两种分类方法？按用途划分，有哪几类？

9.简述GMP的含义。

10.简述PQE与GMP之间的联系与区别。

11.简述过程分析技术（PAT）的含义。

扫描二维码可查看

思考题参考答案

参考文献

［1］中国化学制药工业协会．中国制药工业发展报告（2021）［M］．北京：社会科学文献出版社，2021．

［2］赵肃清，叶勇，刘艳清．制药工程专业导论［M］．北京：化学工业出版社，2021．

［3］朱世斌，刘红．药品生产质量管理工程［M］．3版．北京：化学工业出版社，2021．

［4］杨波．高等制药工程学原理［M］．北京：科学出版社，2021．

［5］王车礼，张丽华．制药工程原理与设备［M］．武汉：华中科技大学出版社，2020．

［6］宋航，彭代银，黄文才，等．制药工程技术概论［M］．3版．北京：化学工业出版社，2020．

［7］姚日生，梁世中．制药工程原理与设备［M］．北京：高等教育出版社，2007．

［8］白鹏．制药工程导论［M］．北京：化学工业出版社，2003．

［9］孔敏．浅析制药行业中工业4.0的应用［J］．中文科技期刊数据库（全文版）工程技术，2021，（9）：60-61．

［10］张冬雪．制药工业4.0智慧工厂探索［J］．化工与医药过程，2015，36（5）：7-12．

［11］王春山．基于过程分析技术的原料药结晶过程控制策略［J］．化工与医药过程，2023，44（1）：25-32．

［12］孙钟毓，李浩源，陈丽芳，等．国内外药品连续制造监管实践与发展的思考［J］．中国食品药品监管，2022，（7）：26-37．

［13］曹珣，沈启雯，梁毅．浅谈国外制药设备最新发展趋势［J］．机电信息，2016，470（8）：51-57．

（陈俊名，王建浩，王车礼）

第四章

医药产业链上游

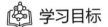 **学习目标**

1. 掌握：医药产业链的构成及主要特征。
2. 知晓：药物发现、药物临床前研究和药物临床研究三个环节的主要任务。
3. 了解：药物发现、药物临床前研究和药物临床研究三个环节的主要职业（岗位）与相关学科。

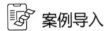 **案例导入**

磺胺类药物的发现

1932年，德国化学家合成了一种名为"百浪多息"的红色染料，其分子式见图4-1。该染料因其中含有一些具有消毒作用的成分，曾被用于治疗丹毒（溶血性链球菌侵入皮肤或黏膜内的网状淋巴管所引起的急性感染）。然而"百浪多息"在试管内并无明显的杀菌作用，因此最初没有引起医学界的重视。

同年，德国生物化学家杜马克实验发现，"百浪多息"对于感染溶血性链球菌的小白鼠具有很好的疗效。之后他又用兔、犬试验，获得成功。也恰在这时，杜马克的女儿因为手指被刺破，感染了链球菌，生命垂危，无药可救。紧急关头，杜马克给女儿服用"百浪多息"，挽救了女儿的生命。令人奇怪的是，"百浪多息"只有在体内才能杀死链球菌，而在试管内则不能。

不久，巴斯德研究所的特雷富埃夫妇及其同事揭开了"百浪多息"在活体中发生作用之谜，即"百浪多息"在体内能分解出对氨基苯磺酰胺（简称磺胺）。磺胺与细菌生长所需要的对氨基苯甲酸在化学结构上十分相似，被细菌吸收而又不起养料作用，细菌就会死去。药物的作用机理明确后，"百浪多息"逐渐被其他更廉价的磺胺类药物所取代，并沿用至今。

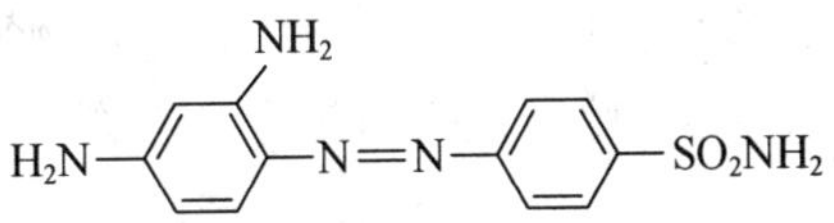

1939年，杜马克获得了诺贝尔生理学或医学奖。

图4-1 "百浪多息"分子式

问题：

1.为什么"百浪多息"最初没有引起医学界的重视？

2.为什么"百浪多息"只有在体内才能杀死链球菌，而在试管内则不能？

扫描二维码可

查看答案解析

第一节　概述

一、医药产业链的构成

1.医药产业的概念

从产业的内涵和类别角度来看，医药产业是指国民经济活动中与药品的生产、分配和使用有关的所有企业和组织的集合，它泛指一切与药品有关的经济活动，是一个较为宽泛的微观概念，涵盖了药品从原材料到最终产品及其使用过程中形成和关联的各种活动。

根据活动的类型、性质及其在医药产业中所处的地位，医药产业可以划分为三个层次，即：核心层——药品的生产行业；支撑层——药品原材料提供、药品流通、制药器械制造等上游和下游辅助行业；关联层——与药品使用相关的医疗服务机构、药品监督管理机构及医药人才的培养和教育机构。图4-2为医药产业构成示意图。

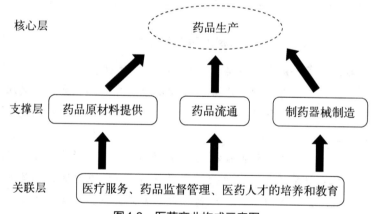

图4-2　医药产业构成示意图

2.医药产业链

医药产业链（又称医药产业价值链）常常被简单分为药物发现、临床前/临床研究、药品制造和药品销售四大环节，见图4-3。药物发现与临床前/临床研究两大环节是医药的前端服务区段，属于生产性服务业中的科技服务行业。药物发现包括确定靶标、建立模型、发现先导化合物和优化先导化合物等小环节；临床前／临床研究包括临床前实验、新药研究申请、临床试验和新药申请等小环节。药品制造是医药行业的核心环节，该环节以新药申请获得批准为起点，以产出能够被直接传递给患者的药品为结束标志，可以分为原料药制造、制剂制造和包装三个阶段；药品销售环节以患者直接能够使用的药品产生为起点，以药品通过各种流通渠道离开生产企业为结束标志，这是医药产业价值链上的最后一个环节，包括了药品的批发和零售两个阶段。至此，药品完成了从最初的原材料转变为最终商品的全部产业链历程。

图4-3　医药产业链示意图

3.医药产业链参与主体及其相互关系

（1）医药产业价值链的参与主体　包括跨国公司和大型制药企业、小型制药企业、独立研发公司、各类研发机构和专业外包组织五类。

① 跨国公司和大型制药企业　具有整合整条产业价值链的能力，横跨从药物发现至药物销售的所有环节，在整个产业中占据领导地位，一般更专注于利润相对较高的国际专利药市场，并且至少拥有一种畅销全球的药品。

② 小型制药企业　其活动主要集中在生物医药产业价值链上的药物制造和药物销售两个后端环节上，缺乏医药领域最重要的研发能力，其利润来源主要是国内和地区性营销以及低成本制造，主要专注于利润相对较低的仿制药、非处方药的制造与销售。

③ 独立研发公司　把精力集中于药物发现和临床前 / 临床研究环节上，把绝大部分的经费投入研发，凭借自身独特的先进技术，开发出具有专利的创新药物，通过转让成果获取利润，或通过与制药企业联盟、成为被收购对象而实现企业的发展，因此具有资本信誉、擅长资本运作是这类企业成长的关键。

④ 各类研发机构　主要包括科研院所、大学实验室以及各种研究型医院，同独立研发企业一样，它们拥有领先的技术和尖端的人才，专注于产业价值链中的药物研发环节，偏重于进行医药领域针对疾病机理的基础研究，研发资金也多来源于国家财政支持。其产出的科学技术成果，一方面，推动了全社会的科技进步，使研究机构从中获得了荣誉、声望等无形资产；另一方面，通过研究成果和专利技术的授权转让和建立技术商业化的企业，实现利润的回报。

⑤ 专业外包组织　通过与跨国公司和大型制药企业、独立研发机构、小型制药厂的合同关系，承担着研发、制造、销售等不同的专业活动，主要包括合同研发机构（CRO）、合同生产机构（CMO）和合同营销机构（CSO），其经济活动仅专注于价值链上某一环节的某一部分，发展受制于合同委托方的市场需求变化，在价值链中不具备主导能力。

（2）医药产业链参与主体间的关系　医药产业链参与主体间的关系主要有以下三种。

① 技术转移关系　是指科学技术成果从生成部门（研究机构）转向使用部门（企业），从而创造经济效益、提高社会生产力水平的关系形式。

② 战略联盟关系　即两个或者两个以上的企业，出于对未来发展战略的规划和实现各自生产经营目标的考虑，在某些共同利益环节通过合作，共担风险、共摊成本、共享利益、

优势互补、共同发展的伙伴关系。

③ 外包关系　即指某一企业，通过与外部其他企业签订契约，将一些原来由企业内部负责或者企业有愿望却没有能力负责的业务转包给专业、高效的服务提供商的一种关系。

医药产业链五类主体之间的相互关系见图4-4。图中，独立研发公司与跨国公司和大制药厂、小型制药企业之间是战略联盟关系，而独立研发公司之间也存在战略联盟关系；研发机构与独立研发公司、跨国公司及大制药厂之间是技术转移关系；跨国公司及大制药厂、小型制药企业、独立研发公司和合同研发机构、合同生产机构、合同营销机构之间则是外包关系。

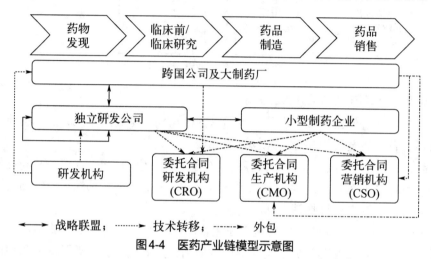

图4-4　医药产业链模型示意图

二、医药产业链的主要特征

1.从产业价值链环节来看，生物医药产业的链化周期较长

医药产业价值链主要包括药物发现、临床前／临床研究、药物制造、FDA审核和药物销售环节，从节点数量来看，产业链条并不长，但要完成这四大环节的活动，需要耗费15年左右的时间。也就是说，医药产业的一个药品，如果从发现阶段的确立靶标开始，到通过各种渠道最后被患者使用为止，这个完整的产业链化周期是相当漫长的，参见图4-5。

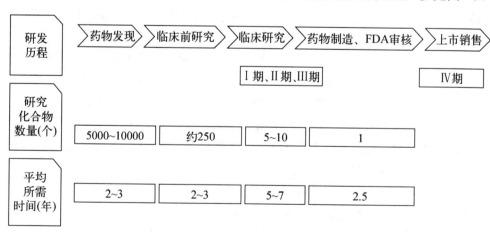

图4-5　一种新药从发现到上市历程示意图

2.从产业价值链参与者来看，制药企业"垂直一体化"特色明显

在生物医药产业，跨国公司及大型制药企业规模庞大、实力雄厚，作为产业价值链最主要的参与主体，它们手中握有海量的医药技术成果和专利，更具有全球性的营销渠道，通过垂直一体化的模式，控制了从药物发现、临床前/临床研究、药物制造到销售的所有环节。经过长期的发展历程，生物医药产业形成了相对稳定的战略格局和生态系统，"垂直一体化"发展方式已经成为全球制药企业的通用战略。

3.从产业链价值增值过程来看，生物医药产业价值分配遵循"微笑曲线"规律

生物医药产业是一个利润率很高的产业，但在生物医药产业价值链从药物发现、研究开发到制造和销售的各个环节中，价值分布并不均匀，主要利润流分布在产业价值链的两端，一端是药物的发现和研究开发，另一端是药品的营销，而处于中间的药品制造环节利润相对较低。

本节简要介绍了医药产业的概念、医药产业链流程、参与主体及其相互关系，分析了医药产业价值链的主要特征。接下来本章将对药物发现、药物临床前研究、药物临床研究三个环节进行介绍。制药过程开发与设计、药品生产、药品流通、药品使用和药事管理等环节则在第五章医药产业链下游中介绍。

第二节　药物发现

药物的基本属性通常是由药物的化学结构决定的，构建药物分子的化学结构是发现新药的起点，是实现新药创制的首要过程。新药的发现包括两大途径，一是先导化合物的发现和优化，二是现有药物的分子结构修饰。

一、先导化合物的发现和优化

先导化合物（lead compound）又称原型物（prototype），是指通过各种途径、方法或手段得到的，具有某种生物活性的化学结构。

1.先导化合物的发现

先导化合物的发现途径有许多，这里主要介绍以下五种。

（1）从天然活性物质中获得先导化合物　在药物发现历史的早期，尝试天然产物几乎是药物发现的唯一途径。时至今日，从动植物和微生物体内分离、鉴定得到的具有生物活性的物质，仍然是先导化合物甚至是药物的重要组成部分。根据获得天然活性物质的来源，又可细分为以下3种途径。

① 从陆地上动植物体内提取、分离天然活性物质　我国中草药资源丰富，传统中医药文献浩若烟海，是发现先导化合物的宝库。如青蒿素（artemisinin）是从黄花蒿植物中提取分离得到的含有过氧键的倍半萜内酯，对恶性疟原虫作用快，特别是对氯喹耐药株具有抑制作用，对人体毒性很低，成为新结构类型的抗疟先导化合物。

② 从海洋生物中发现生物活性物质　海洋生物中所含化学成分结构新颖、复杂，常具有较强的生物活性，是获取先导化合物的重要来源。例如从海洋中采集的海鞘类、贝类和海绵等海洋无脊椎动物，硅藻、蓝藻和绿藻类海洋浮游生物，以及海洋里的菌类等都是寻

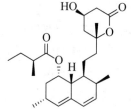

图4-6　洛伐他汀分子式

求生物活性物质的很好材料。

③ 从微生物的代谢产物中发现生物活性物质　这也是一条非常重要的发现先导化合物的途径。自1928年弗莱明（Alexander Fleming）发现青霉素（penicillin）以来，数以千计的微生物代谢产物被发现有生物活性，如洛伐他汀（lovastatin，其分子式见图4-6）是从土霉菌的发酵产物中分离出的一种胆固醇生物合成抑制剂。又如，动物用于自身保护或麻醉对手的一些动物毒素，其生理活性极高，可成为受体、离子通道和酶抑制剂研究的起始物，成为药物研究的先导化合物。

（2）随机与逐一筛选及意外发现获得先导化合物　对有机化工产品及其中间体进行普筛，虽然有相当大的盲目性，但却可以得到新结构类型或新作用特点的先导化合物。

第一个安定药氯氮卓（chlordiazepoxide）的发现就属意外。Leo Henryk Sternbach 在从事新型安定药物研究中，原计划合成苯并庚氧二嗪，结果未得到目标化合物，却意外发现新合成的化合物氯氮卓有明显的安定作用，可用于治疗精神紧张、焦虑和失眠。进一步研究发现，氯氮卓分子中的脒基及氮上的氧并非生理活性所必需，于是制得同型物地西泮，其作用较氯氮卓强，不仅能治疗紧张、焦虑和失眠等神经官能症，还是控制癫痫持续状态的较好药物，从而开发出了苯并二氮杂卓类药物。图4-7给出了氯氮卓与地西泮的分子式。

（3）生命基础过程研究中发现先导化合物　生物化学、分子生物学和内分泌学的发展，推动了生命基础过程的研究，也为寻找人体内生物活性物质开辟了广阔的领域，并为药物分子设计提供了新的靶点和先导化合物。现代生理学认为，人体被化学信使（生理介质或神经递质）所控制。化学信使有特殊的功能，一旦这些物质出现问题，人体便失去平衡而患病。因此，机体内源性物质的功能、生物合成以及代谢中间体或产物，都可作为生物活性物质设计的出发点。例如，当人们发现风湿性关节炎患者的尿中，有大量的色氨酸的代谢产物，便合成了许多含吲哚环的化合物，从中筛选出吲哚美辛（indomethacin）作为解热镇痛药和关节炎治疗药，继而开发了新的解热镇痛和关节炎治疗药物。图4-8给出了色氨酸与吲哚美辛的分子式。

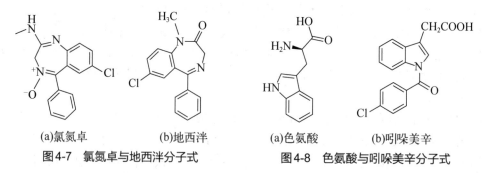

| (a)氯氮卓 | (b)地西泮 | (a)色氨酸 | (b)吲哚美辛 |

图4-7　氯氮卓与地西泮分子式　　　　图4-8　色氨酸与吲哚美辛分子式

（4）由药物的临床副作用观察发掘先导化合物　先导化合物或药物常具有多种生物活性，何者是所期望的治疗作用，何者是不希望的副作用，有时是人为的选定。这些多样性作用不利于研制特异性药物，但有时对这些副作用的作用机制深入研究后，有望以临床使用的药物作为研发另一类新药的先导化合物。例如，米诺地尔（minoxidil）可使外周动脉平滑肌舒张，临床用作降血压药；米诺地尔同时还有刺激毛发生长作用，局部用药可治疗斑秃和男性脱发。这两种作用可认为是互为副作用。日本大正制药公司推出的有名的生发新药RiUp，就是研究米诺地尔副作用，发现新的先导化合物，并成功开发出新药的例子。再如，磺胺异丙噻二唑专门用于治疗伤寒病，但人们发现当大剂量使用时，药物会刺激胰腺释放胰岛素，导致急性和持久的血糖降低（副作用）。人们基于此发现，开发了系列磺酰脲类治疗糖尿病的药物。

（5）研究药物的体内代谢过程发现先导化合物　有些药物在体内代谢后，能转化为活性更强的代谢物，其药效高于未代谢的母体药物。因此，研究活性代谢物的结构可发现先导化合物，甚至可能直接成为新药。解热镇痛药非那西汀的代谢物对乙酰氨基酚就是这样发现的。图4-9给出了非那西汀与对乙酰氨基酚分子结构式。

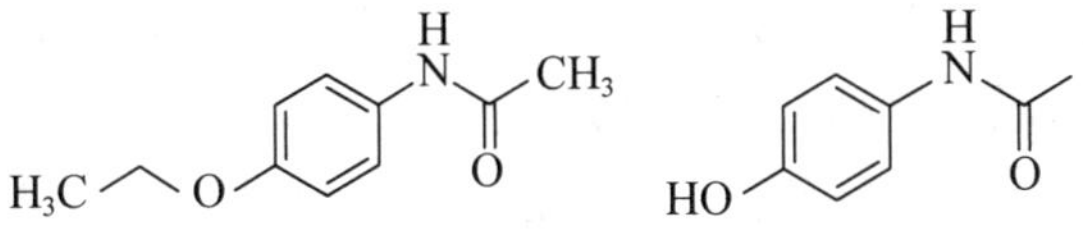

(a)非那西汀　　　　(b)对乙酰氨基酚

图4-9　非那西汀与对乙酰氨基酚分子结构式

药物分子中某些基团易受代谢影响而使药物活性减弱或失去活性。可以将原有药物作为先导化合物，比较原有药物和代谢物的结构，将易代谢的化学活性基团加以保护，常能获得强效药物。

2.先导化合物的优化

先导化合物不一定是实用的优良药物，可能因药效不强、特异性不高或毒性较大而不能直接作为药物使用，需对其进行结构修饰或改造，使其成为高效、低毒且质量可靠的优良药物。这种对先导化合物进行结构修饰或改造的过程，称之为先导化合物的优化。

（1）优化先导化合物的一般方法

① 剖裂（dissection）　是指将先导化合物剖析成两个或数个亚结构，通过合成和构效关系研究可以优选出简化的基本结构或药物，如用镇痛药吗啡分子剪切而得到哌替啶。

② 拼合（association）　与剖裂相反，拼合是合成出比先导化合物或药物结构更复杂的类似物，它仍然保留先导化合物部分或全部的结构特征。两个不同的药物缀合成新化合物，可具有作用于两个不同靶点或同一靶点的两个不同位点的双重作用。其作用机制可以是在体内重新分裂成原来的两个药物，也可以是在体内不裂解。如利用拼合原理将阿司匹林（aspirin，又名乙酰水杨酸）的羧基与对乙酰氨基酚（paracetamol）的羟基酯化缩合而成的贝诺酯（benorilate），在体外无活性，在体内能分解成乙酰水杨酸和对乙酰氨基酚，发挥协同作用，解热镇痛作用增强，又具抗炎作用；由于分子中没有游离的羧基，对胃肠道的刺激性下降，副作用较小，适合老人和儿童用药。图4-10 给出了贝诺酯合成反应式。

③ 对先导化合物结构作局部变换或修饰　对生物活性起决定作用的基团确定之后，最常用的方法是变换取代基，如增加或减少基团等。有时，与靶点相互作用的取代基并不在

最适位置，变换位置会引起分子电荷分布改变，可有效增加活性。

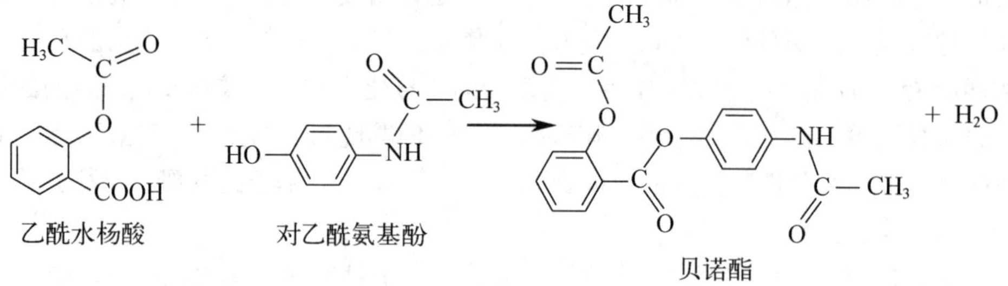

图4-10 贝诺酯合成反应式

乙酰水杨酸 + 对乙酰氨基酚 → 贝诺酯 + H_2O

（2）优化先导化合物的特殊方法

① 应用生物电子等排原理 生物电子等排体（bioisostere）指具有相同或相近的外层电子总数的化合物分子、原子或基团，且在大小、形状、构象、电子云分布、脂/水分配系数、化学反应活性以及氢键形成能力等方面存在相似性，因而具有相近的生物活性。生物电子等排体在设计和合成具有相似生理活性衍生物时非常有用，例如巴比妥类药、抗肿瘤药和抗精神病药中都有比较成功的例子。

② 设计前药 有活性的药物经化学结构修饰后，转变为无活性的化合物，进入体内经过生物转化后产生生物活性，发挥治疗作用，无活性的化合物称为有活性药物的前药（prodrug）。例如，将含羟基的氯霉素、红霉素经成酯修饰为氯霉素棕榈酸酯、红霉素丙酸酯，其苦味消除；为延长雌激素在体内存留时间，将酚羟基酯化；为增加水溶性，将二氢青蒿素酯化等等。图4-11为红霉素丙酸酯的结构式。

③ 设计软药或硬药 软药（soft drug）是指一类本身有治疗作用的化合物，当在体内起作用后，经可预测、可控的代谢作用，转变成无毒或者无活性化合物。硬药（hard drug）指在体内不被代谢的药物，由于进入人体后不会产生有毒的活性代谢物，因此使用安全。硬药消除主要通过被动的尿排泄和胆汁排泄，个体及种属差异均小，体内过程易于预测。

二、现有药物的分子结构修饰

对现有药物进行结构改造和结构修饰是发现、获得新药的又一条主要途径，且成功率较高。

1.药物化学结构修饰的目的

（1）使药物在特定部位发挥作用 药物经过化学结构修饰，其理化性质，如溶解度、脂/水分配系数等会发生变化，从而改变了原药的吸收和运转，使其主要分布于特定组织中。如磺胺噻唑显酸碱两性，琥珀酸为二元羧酸，两者反应形成单酰胺后，琥珀磺胺噻唑仅显酸性，在肠道碱性条件下呈解离状态，增加了原药的极性，降低了肠道中的吸收，停留于肠道内被细菌水解酶分解成磺胺噻唑起作用，减少了对全身的毒副作用。琥珀磺胺噻唑结构式见图4-12。

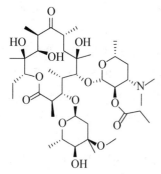

图4-11 红霉素丙酸酯结构式

又如，将抗癌药5-氟尿嘧啶结构改造成去氧氟尿苷，反应式见图4-13。后者进入肿瘤组织后，被肿瘤组织中尿嘧啶核苷磷酸酶水解，重新释放出5-氟尿嘧啶。这样，既保持药物抗癌活性，又减少药物对人体正常细胞的毒害作用。

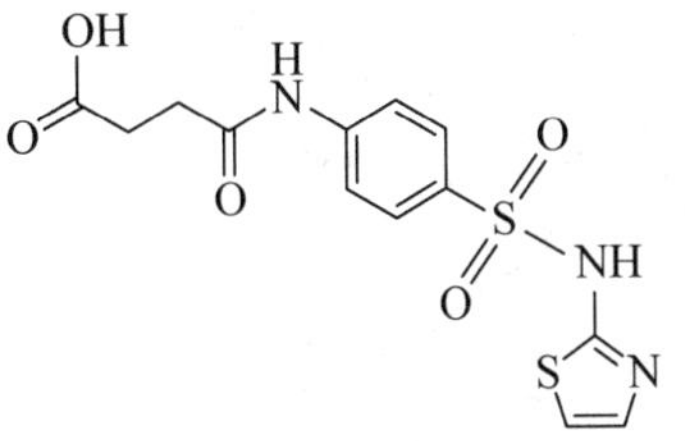

图4-12　琥珀磺胺噻唑结构式

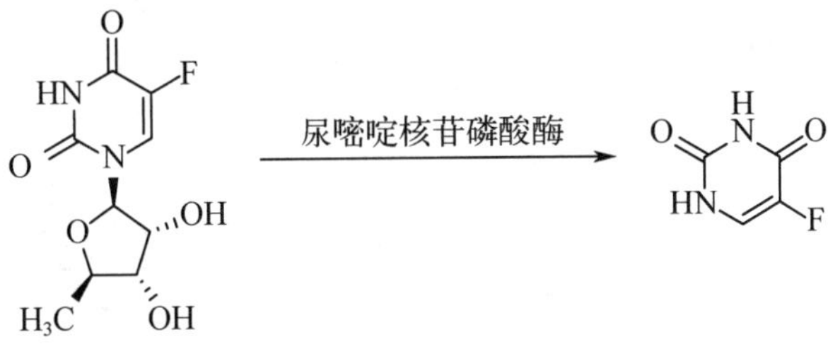

图4-13　去氧氟尿苷被酶解为5-氟尿嘧啶

(a)去氧氟尿苷　　(b)5-氟尿嘧啶

（2）改善药物的溶解性能　例如，苯妥英是一种弱酸性药物，用于治疗癫痫，一般是口服给药。因苯妥英水溶性低，口服吸收较慢，故癫痫发作时，需注射给药。苯妥英钠盐虽易溶于水，但易水解析出苯妥英，使溶液浑浊不适合注射。苯妥英分子引入 N-磷酰氧甲基，制成磷酸3-羟基甲苯妥英酯，其二钠盐的水溶性是苯妥英的4500倍，不仅显著提高了药物的生物利用度，还能满足注射制剂要求。

（3）改善药物的吸收性　药物的吸收性能与其脂/水分配系数密切相关。通过结构修饰调整药物的脂/水分配系数至适宜的值，能改善药物的吸收和分布。例如，氨苄青霉素的亲脂性较差，口服用药只吸收30%～40%，将其羧基酯化，制成匹氨西林，口服吸收效果显著增加。

（4）提高药物的稳定性，延长药物作用时间　化学稳定性小的药物，易水解、易氧化，口服后易受胃酸、消化道中各种酶以及肠道内微生物的作用而失效，生物半衰期缩短。通过结构修饰将易变基团保护起来，既可增加药物的稳定性，又可增加其有效性。如维生素C具连二烯醇内酯结构（图4-14），还原性强，在存放过程中极易受空气氧化而失效。将其修饰为苯甲酸维生素C酯，活性与维生素C相等，稳定性提高。

（5）消除药物的不良气味，降低药物的毒副作用　如氯霉素极苦，其棕榈酸酯的水中溶解度很低，无苦味，也没有抗菌活性，但经肠黏膜及血中的酯酶水解，即可生成有活性的原药。再如，苯海拉明作为抗组胺药，对中枢神经系统有抑制作用，服用后常使人感到困倦。将其与有兴奋作用的黄嘌呤类药物8-氯代茶碱反应成盐，可消除苯海拉明对中枢神经系统抑制的副作用。

2.药物化学结构修饰的基本方法

（1）药物的成盐修饰　具有酸性、碱性的药物，常需做成适当的盐类使用。如具羧基的药物酸性较强，常做成钾、钠或钙盐使用。

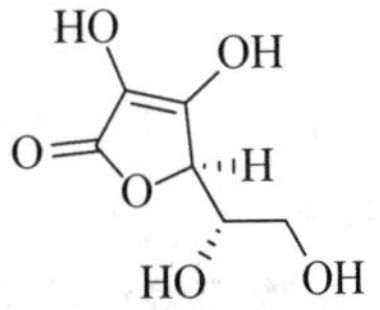

（2）药物的成酯修饰　为了提高某些药物的稳定性或降低其副作用，可将具有羧基或羟基的药物修饰成酯。羧基常修饰成甲醇、乙醇的酯。例如，甲基多巴乙酯，稳定性比母

图4-14　维生素C结构式

体药物高,吸收性也得到改善。

(3)药物的成酰胺修饰 对具羧基药物的成酰胺修饰,常用的试剂有氨、二甲胺和苯胺等。丙戊酸钠为抗癫痫药,对胃肠道有刺激性,吸收快,但浓度波动大。将其羧基修饰为酰胺基,制成丙戊酰胺后,溶解度变小,毒性减小,吸收变慢,血药浓度波动范围变小。丙戊酸钠成酰胺修饰反应式见图4-15。

图4-15 丙戊酸钠成酰胺修饰反应

(4)药物的其他修饰 药物化学结构的其他修饰方法还有很多,例如:①利用Mannich反应将药物氨甲化,形成Mannich碱;②醚化修饰(如将甾体抗炎药与葡萄糖做成葡萄糖苷);③药物分子和糖类的挂接组合,用于由主动糖转运蛋白传送药物为目的的药物开发;④药物分子开环或环化,进入机体后再闭环或开环形成母体药物。

三、药物发现相关职业(岗位)

药物发现是新药研发的第一个环节。这里首先介绍我国新药研发体系及药物研发机构主要工作岗位类型,再讨论药物发现相关职业(岗位)及职业发展前景。

1.我国新药研发体系

我国的新药研发体系主要由以下四部分组成。

(1)科研院所 我国科研院所包括国家级和地方级两种。比较著名的单位有中国科学院上海药物研究所、中国医学科学院药物研究所、军事医学科学院毒物药物研究所和上海医药工业研究院等。这些科研院所承担着国家各类科技攻关项目,其发展方向和技术力量各有偏重,在药物发现的基础研究和应用研究领域发挥主导作用。

(2)大专院校 从事药物研究的大专院校,是药物研发人才的主要培养基地和创新药物研究体系的重要组成部分。比较著名的院校有中国药科大学、沈阳药科大学、北京大学医学部药学院、复旦大学药学院和四川大学华西药学院等。

(3)医药技术开发公司 近年来,我国中小型医药技术开发公司发展迅速,成为新药创制的一股新生力量。据不完全统计,在每年呈送国家管理机构审批的新药(含仿制药)申请中,有过半来自中小型民营机构。

(4)生产企业的研发部门 我国生产企业的药品研发部门原先主要集中在大型制药企业,其职能主要聚焦于现有技术改造和仿制药研究。然而这一状况正在改变,我国正逐步建立以医药企业为研发主体的新模式。从国外制药发达国家来看,新药研发的主体也是企业,大学、研究院所着重基础研究。

2.药物研发机构主要工作岗位类型

药物研发机构一般有以下几类主要工作岗位:①立项及调研;②化学合成;③药物分

析；④药物制剂研究；⑤新药技术转让；⑥科技项目申报与管理。

3.药物发现相关职业（岗位）的主要工作内容

药物发现相关职业（岗位）的工作内容取决于药物发现的策略与方法，大致分为：①靶标确定；②模型建立；③先导化合物的发现与优化；④现有药物的分子结构修饰。其中，从合成化合物和中药提取物中筛选活性物质，是我国及多数国际制药企业药物研发的主要工作。

4.药物发现相关职业的发展前景

药物发现相关职业有良好的发展前景，这是因为：

（1）我国医药产业正面临五个重大的战略性转变：①技术进步方式从仿制向创新转变；②目标市场从单纯国内市场向国内国外市场并举转变；③工业结构从以原料药为主向原料药和制剂并举转变；④技术结构从单纯化学制药向化学制药和生物制药并举转变；⑤市场结构从低集中度向高集中度转变。

（2）我国拥有丰富的中药和天然药物资源。

（3）我国新药的研发能力迅速发展，是近年来国际制药企业转移研发业务的重点接收地。

（4）药物发现基础研究占据医药产业链首要位置。

上述因素均预示，药物发现相关职业发展前景广阔。

四、药物发现相关学科

现代新药发现是一项由化学、生物学、基础与临床医学、信息科学甚至数学等多种学科相互渗透、相互合作的复杂系统工程，包括以下相关学科。

1.药物化学

药物化学为药物发现提供最直接的知识与技能。其中，普通药物化学（pharmaceutical chemistry）主要研究如何有效利用现有化学药物；高等药物化学（medicinal chemistry）研究如何进行药物设计、发展新药。

2.生命科学

生命科学研究的一些技术成果给新药发现带来了莫大的希望，其在靶点识别与设计、药物分子设计与筛选等方面发挥了巨大的作用。例如：①生物信息学、基因组学用于靶点识别；②分子生物学、分子药理学用于靶点设计；③基因组学用于药物分子设计与筛选；④系统生物学为发现多基因和病毒感染等复杂疾病的治疗药物提供了新的思路和方向。

3.化学基因组学

化学基因组学药物发现模式，是指通过功能基因组研究，从细胞和分子层次弄清疾病发生的机制与防治机制，发现并确证药物作用的靶标，然后有目的地寻找药物。其一般程序包括：①靶点发现；②组合化学合成；③高通量筛选。

4.计算机技术

计算机和信息科学等与药物研究的交叉、渗透与融合日益加强，出现了一些新的研究领域和具有良好应用价值的新技术，例如：①计算机辅助药物分子设计；②计算机辅助活性物质筛选。

5.其他学科

一些新兴学科越来越多地参与到新药发现和前期研究之中。例如：①分子力学、量子化学与药学的渗透；②X射线衍射、生物磁共振、数据库和分子图形学的应用，为研究药物与生物大分子三维结构、药效、二者作用模式，以及探索构效关系，提供了理论依据和先进手段，使药物设计更趋于合理化。

第三节　药物临床前研究

药物临床前研究主要包括临床前药学研究和临床前药理毒理研究两大类，下面分别加以阐释。

一、药物临床前药学研究

临床前药学研究是新药研发过程中的重要环节，对保证新药的安全性、有效性起着举足轻重的作用。药物合成、结构确证、基本理化性质研究、稳定性研究、药物制剂的处方组成、工艺探索及质量要求等构成药物研发的药学研究内容。临床前药学研究可进一步分为原料药的临床前药学研究和制剂的临床前药学研究。

（一）原料药的临床前药学研究

原料药即药品中发挥药理作用的活性组分，它与辅料共同组成临床应用的药物制剂。原料药是药物研发的起点，优质的原料药对于剂型筛选、制剂工艺和包装材料选择等起着关键作用。

化学原料药包括两种类型：新化学实体（new chemical entity，NCE）及仿制药（generic drug）。前者指未在国内、国外上市的新药，后者指已在国外上市但国内未上市的原料药。两种原料药在临床前药学研究中的要求有类似之处，但不尽相同。

原料药临床前药学研究包括以下七个方面内容。

1.原料药合成与精制工艺研究

制备原料药是药物临床前研究的第一步，它为之后相关研究提供物质保证。原料药合成精制工艺研究一般分为六个阶段：①确定目标化合物；②设计合成路线；③制备目标化合物；④结构确证；⑤工艺优化；⑥中试和工业化生产。

但是，这个过程并不是按部就班、一气呵成的，往往需要多次重复和调整，甚至推倒重来才能达到目的。特别是中试后的内容涉及过程开发、工程设计及生产技术管理等环节。

2.原料药结构确证研究

结构决定性质。对NCE进行结构确证，是新药研究最关键和最基本的内容。目前，结构确证已不仅仅是简单的化学平面结构（元素组成及排列顺序）的确定，光学异构体、晶型等相关检测也成为结构确证的重要组成部分。因此，应采取多种途径和方法，更准确地确证原料药的化学结构。图4-16所示为结构确证主要方法。

下面具体讨论元素组成分析、"四大谱"分析、光学结构与晶型分析。

（1）元素组成分析　药物分子中通常含碳、氢、氧和氮等元素。除氧外，其他元素均可采用元素分析法，获得组成药物的元素种类及含量。对于难以进行元素分析的物质，在保证高纯度情况下可采用高分辨质谱技术更精确地获得元素组成信息。

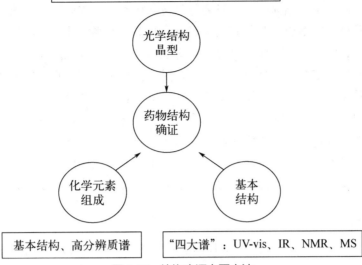

图4-16　结构确证主要方法

（2）"四大谱"分析　"四大谱"分析包括以下内容。

① 紫外可见吸收光谱（UV-vis）　利用物质的分子或离子对紫外和可见光吸收所产生的紫外可见光谱，可以对物质的组成、含量和结构进行分析、测定和推断。

② 红外吸收光谱（IR）　红外线是波长大于可见光而小于微波的电磁波。习惯上，按红外线波长的不同，将红外线划分为近红外、中红外和远红外3个区域。其中，物质分子吸收中红外区的红外线得到的光谱称为中红外吸收光谱，简称红外光谱（infrared spectrum，IR）。依据红外光谱的峰位、峰强及峰形来判断化合物的类别，推测某种基团的存在，进而推断未知化合物的化学结构。

③ 核磁共振（NMR）　核磁共振波谱法（NMR spectroscopy）是利用核磁共振波谱进行结构（包括构型和构象）测定、定性定量分析的方法。常用的有氢谱（^{1}H NMR）和碳谱（^{13}C NMR）。氢谱主要提供质子类型及其化学环境、氢分布及核间关系；碳谱可给出丰富的碳骨架及有关结构和分子运动的信息。如，分子中含有多少个碳原子，它们分别属于哪些基团等。

④ 质谱（MS）　质谱法（mass spectrometry，MS）是利用多种离子化技术，将物质分子转化为离子，按其质荷比（m/z）的差异分离测定，从而进行物质成分和结构分析的方法。质谱并不属于常规的吸收光谱，但是唯一可给出相对分子质量的分析方法。

（3）光学结构与晶型分析

① 光学结构分析　药物的药理活性不仅仅取决于简单的化学结构，即使分子式完全一致的药物，旋光性不同，它们的药理活性也可能有很大差别，甚至一种有效，一种有毒。旋光性对药物在体内的ADME（吸收、分布、代谢和排泄）过程也有重要的影响。如 S-普萘洛儿活性为 R-普萘洛儿活性的100多倍。因而对具有旋光性的活性物质进行构象分析不可或缺。常用的分析方法有圆二色谱和旋光光谱。

② 晶型及多晶态分析　晶型（crystalline forms）是结晶物质晶格内分子的排列形式。

药物的多晶型（polymorphism）指同一化学结构的药物，由于结晶条件（如溶剂、温度和冷却速度等）不同，形成结晶时分子排列与晶格结构不同，因而形成不同的晶型。晶型对药物理化性质及体内的溶出、吸收有很大影响，甚至严重影响药效。例如，驱虫药甲苯达唑有A、B和C三种晶型，其中C晶型的驱虫率约为90%，B晶型为60%，A晶型小于20%。因此，药物晶型的鉴定具有重要意义。目前，晶型检查主要有熔点、IR、DSC、粉末X射线衍射法、单晶X射线衍射法、偏振光显微镜法和电镜等方法。

③ 结晶水及结晶溶剂分析　药物分子通过氢键等和水、有机溶剂结合形成水合物或溶剂化物，含有不同数量的结晶水或结晶溶剂的化合物可能具有不同的物理性质，且易产生多晶型，影响药物的生物利用度及稳定性。通过元素分析、热分析，结合干燥失重、水分检查或单晶X射线衍射等方法，可以对药物中结晶水或结晶溶剂，以及吸附水或吸附溶剂进行定性、定量测定。

3.原料药理化性质研究

药物的理化性质涉及范围较广，原料药的药学研究主要从两方面考虑：一是属性部分，如性状特征及理化常数，与药物的鉴定及纯度考察密切相关，而且可为剂型选择提供参考；二是生物学性质，也称为"类药性质"。

研究表明，药效与药物分子的结构有关，药效与药物分子结构的关系被称为构效关系（structure-activity relationship，SAR）。药物的体内过程也与药物分子的结构有密切关系，药物的药动学特征与药物结构间的关系，被称为构动关系（structure-pharmacokinetics relationship，SPR）。在新药研究中，SAR和SPR已成为药物设计、筛选和评价的重要内容，也是原料药理化研究关注的重点。原料药理化性质的充分研究可为药物研发打下坚固的基础。

常见原料药理化性质如下所述。

（1）性状　原料药性状是指原料药的物理特征或形态，是原料药特性及质量的重要表征之一。药品质量标准中所指的性状主要包括外观、色、嗅、味、颗粒大小、吸湿性、风化性和挥发性等。这些信息和数据可为剂型选择、贮存方式等提供依据。例如，通过选择合适的剂型（胶囊、包衣片等），掩盖药物的不良气味，提高患者的依从性。

（2）理化常数　理化常数是判断药物真伪、纯度及质量的重要依据之一，同样也为制剂提供参考。固体药物一般包括熔点、溶解度和吸收系数等；液体药物一般包括密度、黏度、沸程和折光率等。

（3）脂/水分配系数　脂/水分配系数P指药物在脂相及水相分配平衡时，两相中的浓度比，常用对数（$\lg P$）表示，通常采用摇瓶法测定。由于正辛醇与膜的极性最接近，因而常用正辛醇/水体系来测定药物的$\lg P$。

（4）解离常数　解离常数（pK_a）是水溶液中具有一定解离度的溶质的极性参数。解离常数给予分子的酸性或碱性以定量的量度，K_a增大，对于质子给予体来说，其酸性增加；K_a减小，对于质子接受体来说，其碱性增加。

95%的药物含有可离子化的基团。人体胃、肠道的pH值不同，会导致这些药物的存在形式发生变化，从而影响吸收。一般地，非解离形式易吸收，解离状态难吸收。pK_a在3以上的弱酸性药物，如阿司匹林，在胃中大部分以分子形式存在，易被胃吸收；而pK_a在5以上的弱碱性药物，如奎宁，在胃中主要以离子形式存在，在肠中主要以分子形式存在，易被肠吸收。可见，药物的pK_a会使其在体内吸收呈pH值依赖性，易受食物影响。获知药物的pK_a后，可进行剂型设计，消除或改善上述缺点。

电位滴定法和分光光度法是测定物质解离常数pK_a两种常用的方法。

4.原料药纯度研究

原料药纯度是药物安全、有效的有力保证，是药品质量控制的源头，主要包括杂质及含量两个方面。

杂质是药物中存在的无治疗作用或影响药物稳定性和疗效，甚至对人体健康有害的物质。例如，左氧氟沙星中的右旋体为无效体；青霉素生产中可能引入过敏性杂质，导致过敏性休克，甚至造成心力衰竭死亡。

杂质来源有两方面，一是生产过程引入，如来自制药使用的起始原料、催化剂和反应容器等；二是贮存过程产生的，如药物的降解产物。按化学组成，杂质可分为有机杂质、无机杂质和残留溶剂。有机杂质常为与原料药本身有关的中间产物、降解产物或副产物，可根据有关物质与药物结构上的差别，采用物理、化学或光谱分析技术进行定性、定量分析。

杂质检查包括杂质鉴定及限定，常采用物理、化学手段进行杂质分离及含量测定。人用药品注册技术要求国际协调会（ICH）规定，新药中杂质含量≥0.1%的，均须判明结构。

5.原料药含量控制研究

测定原料药中有效成分的含量是保证其质量的另一重要手段。原料药含量也是纯度标志之一。一般在杂质检查合格后，进行药物含量测定。药物含量测定方法专属性较强，需灵敏、简便，准确性高。化学药首选容量法，尽量不用分光光度法，必须用时应采取对照品比较法。

根据新药来源、性质、生产实际，以及测定方法等，制订合理的含量限度。化学药品含量限度一般最低为98.0%。

6.原料药稳定性研究

药物的稳定性是药品的重要属性。稳定性包括：

（1）物理稳定性　发生物理变化所引起的稳定性改变，如潮解、风化等；

（2）微生物稳定性　细菌、真菌等微生物使其变质而引起的稳定性改变，如霉变等；

（3）化学稳定性　受外界影响发生化学反应而引起稳定性改变，如氧化、水解、光解和异构化等。一个常见的例子是，阿司匹林在贮存过程中遇湿气水解成有刺激性的水杨酸。

稳定性研究主要有以下几种试验：

（1）影响因素试验　影响因素试验是为了测定药物对光、热、湿度及空气等的敏感特性。该试验是在剧烈条件下进行的，一般包括高温、高湿和光照试验。此外，还可根据药物的性质，增加其他因素的试验，如pH值影响试验、氧影响试验等。

（2）加速试验　加速试验是在超常条件下进行的，目的是加快市售包装中药物的化学或物理变化速度，考察其稳定性，对药物在运输或贮存中可能遇到短暂的超常条件进行模拟，并初步预测药物在规定贮存条件下的稳定性。

（3）长期试验　长期试验在上市药物规定的贮存条件下进行，旨在考察药物在运输、保存和使用过程中的稳定性，反映更直接，是确定有效期及贮存条件的最终依据。

7.包装材料选择研究

包装在药物的贮存、运输、展示、销售和使用等过程中发挥重要作用，分为内包装和外包装。内包装与药物直接接触，应严格考察包装材料对药物的影响；外包装一般具有较好的力学性能，使药物在运输、贮存过程中能保持完好。

药物包装材料主要有塑料、橡胶、纤维和玻璃等。选择包装材料，必须考虑保证药物的质量，以及药物与材料的相容性，还要遵循对等性、适应性、协调性、美学性及无污染的原则。例如，光敏性药物需选择添加二氧化钛等遮光剂的包装材料；易吸潮药物则对包装材料的密闭性有一定要求。

考察包装材料的相关测试主要有：①力学性能测试；②物理性能测试；③化学稳定性测试；④加工性能测试；⑤生物安全性测试。

（二）制剂的临床前药学研究

药物必须制成适宜的剂型，才能用于临床。制剂研发的目的就是要保证药物的安全、有效、稳定和使用方便。药物剂型种类很多，制剂工艺也各有特点，研究中会面临许多具体情况和特殊问题。但制剂研究的总体目标是一致的，即通过一系列研究工作，保证剂型选择依据充分，处方合理，工艺稳定，生产过程能得到有效控制，适合工业化生产。

制剂临床前药学研究的基本内容一般包括以下五个方面。

1.处方前研究

处方前研究主要包括：

（1）考察原料药的理化性质　原料药的某些理化性质，可能对制剂性能和制剂生产造成影响。因此，在处方前研究中，应对原料药的理化性质进行了解，考察其对制剂的影响。例如，某些头孢类抗生素在溶液状态下，易降解或产生聚合物，不适宜开发注射液、输液等溶液剂型。

（2）考察原料药的生物学性质　原料药的生物学性质包括对生物膜的通过性，在生理环境下的稳定性，原料药的吸收、分布、代谢和排泄等药动学性质，药物的不良反应及治疗窗等，对制剂研究有着重要的指导作用。例如，对于在胃液中不稳定的药物，一般不宜开发为胃溶制剂。

（3）了解临床治疗需要及临床用药的依从性，选择合适的剂型　在处方前研究中，还要根据临床治疗的需要及临床用药的依从性选择合适的剂型。例如，用于出血、休克和中毒等急救治疗的药物，通常应选择注射剂型；控制哮喘急性发作，宜选择吸入剂。

2.处方研究

处方研究是在上述处方前研究的基础上，选择适宜的辅料，进行处方设计、筛选和优化。

（1）辅料的选择　辅料（excipients）是制剂中除主药外其他物料的总称，是药物制剂的重要组成部分。辅料选择首先要对辅料与主药相容性进行研究，了解辅料与辅料间、辅料与主药间相互作用情况，以避免处方设计时选择不适宜的辅料。其次，要研究辅料理化性质对制剂的影响。例如，稀释剂的粒度、密度变化可能对固体制剂的含量均匀性产生影响。

（2）处方设计、筛选和优化　处方设计是在前期对药物和辅料有关研究的基础上，根据剂型的特点和临床应用的需要，制订几种基本合理的处方，以便开展筛选和优化。

处方筛选和优化主要包括：①制剂基本性能评价；②制剂稳定性评价；③临床前及临床评价。

3.制剂工艺研究

制剂工艺研究是制剂研究的一项重要内容，包括工艺设计、工艺研究和工艺放大3个部分。

（1）工艺设计　制剂工艺通常由多个关键步骤组成。可根据剂型的特点，结合已掌握的药物理化性质和生物学性质，设计几种基本合理的制剂工艺。例如，对湿不稳定的原料药，除了要注意控制生产环境湿度外，制剂工艺应尽量避免水分的影响，可采用干法制粒、粉末直接压片工艺等。工艺设计需充分考虑与工业化生产的衔接性，主要是工艺、设备和操作在工业化生产中的可行性，尽量选择与生产设备原理一致的实验设备，避免制剂研发与生产过程脱节。

（2）工艺研究　工艺研究重点是找到影响制剂生产的关键环节和因素，建立生产过程的工艺参数与控制指标。

（3）工艺放大　由于实验室制剂设备、操作条件等与工业化生产存在差别，实验室建立的制剂工艺在工业化生产中常常会遇到问题。例如，胶囊剂工业化生产采用的高速填装设备与实验室设备不一致，实验室确定的处方颗粒流动性可能并不完全适合生产的需要，有可能导致重量差异变大。因此，工艺放大是实验室制备技术向工业化生产转化的必要阶段，也是制剂工艺进一步完善和优化的过程。

4.制剂质量研究

对于不同制剂，应根据影响其质量的关键因素，进行相应的质量研究。表4-1列出了几种主要剂型及基本评价项目。

▫ 表4-1　几种主要剂型及其基本评价项目

剂型	基本评价项目
片剂	性状、硬度、脆碎度、崩解时限、水分、溶出度或释放度、含量均匀度（小规格）、有关物质、含量
胶囊剂	性状、内容物的流动性和堆密度、水分、溶出度或释放度、含量均匀度（小规格）、有关物质、含量
颗粒剂	性状、粒度、流动性、溶出度或释放度、溶化性、干燥失重、有关物质、含量
注射剂	性状、溶液的颜色与澄清度、澄明度、pH值、不溶性微粒、渗透压、有关物质、含量、无菌、细菌内毒素或热原、刺激性等

制剂质量研究可分为以下四个方面。

（1）性状　制剂的性状项下，应依次描述样品的外形和颜色。如片剂是什么颜色的压制片或包衣片；除去包衣后，片芯的颜色也应描述。

（2）鉴别　由于制剂中主药与原料药存在的环境与状态不一样，制剂的鉴别试验须注意这些差异。

（3）检查项目　各种制剂的检查项目，除应符合相应的制剂通则中的共性规定外，还应根据其特性、工艺及稳定性，制订其他项目。常见制剂检查项目有以下十项，包括：①含量均匀度；②溶出度；③崩解时限；④释放度；⑤有关物质；⑥pH值；⑦注射液中不溶性微粒检查；⑧注射液的特殊检查；⑨微生物限度检查；⑩其他检查。

（4）含量测定　药品制剂的含量测定，要求采用的方法具有专属性与准确性。由于制剂的含量限度较宽，可选用的方法较多。

5.制剂稳定性研究

制剂的稳定性也包括化学稳定性、物理稳定性和微生物学稳定性。稳定性研究目的是考察制剂在温度、湿度和光线等因素影响下随时间变化的规律，为药品的生产、包装、贮存、运输条件和有效期的确定提供科学依据，以保障临床用药安全、有效。

药物制剂稳定性研究，首先应查阅原料药稳定性有关资料，特别要了解温度、湿度和光线对原料药稳定性的影响，并在处方筛选与制剂工艺设计过程中，根据主药与辅料性质，参考原料药的实验方法，进行：①影响因素试验；②加速试验；③长期试验。

二、药物临床前药理毒理研究

在新药的研究与开发过程中，对安全性和有效性最终的评价是人体临床试验研究，但在不了解新药相关特性的情况下，盲目进入人体临床研究，有可能对受试者造成严重危害，甚至发生意外死亡。因此有必要对新药的有效性和安全性进行一系列临床前的研究工作，充分认识药物对疾病模型动物的治疗效果以及可能带来的不良反应，为后续的临床试验奠定基础和提供参考。

尽管人与动物有种属差异，但大量研究表明，药物在人体和动物，尤其是哺乳动物上所表现出的作用和毒性，在大多数情况下是一致的；动物试验也不能完全替代人体观察，临床疾病与动物模型的差异，以及社会因素和精神因素等都有可能对试验结果产生影响。可见，药物临床前的药理毒理研究既有重要性，又有局限性。

药物临床前的药理毒理研究工作包括药物的药效学评价、临床前安全性评价和临床前药动学研究三个方面。

1.药效学评价

（1）药效学评价方法　评价一个新药是否有效，一般是从它的主要药效入手，即从它用于临床预防、诊断和治疗目的的药理作用开始。化学药物物质基础明确，结构清楚，其药效学研究方法很多。

传统的方法包括以下几种。

① 整体动物试验　只有整体动物才能较好地反映出人类疾病和生理反应的复杂性，一般应用小鼠、大鼠、兔、猫、狗和猴等试验动物进行药效学评价。根据不同情况，可选用正常动物、病理模型动物或麻醉动物。

② 离体器官试验　常用的离体器官有心脏、肾脏、肝脏、胰脏、血管、气管、肠段、子宫及神经肌肉标本。用离体标本可比较直观地观测药物的作用。不同的动物标本用于测定不同类的药物作用。

③ 细胞培养实验　细胞培养是在细胞水平上，研究药物作用并分析作用机制的实验方法。

④ 生化实验方法　随着药理学科不断发展，一些药理研究手段逐渐由生理转变为生化

或酶学手段，许多治疗人类疾病的药物作用，可以通过生物化学的方法得到解释。

近年来，一些先进的生物技术在药效学评价中得到大量应用，使药效学研究达到分子和基因水平，举例如下。

① 基因芯片（gene chip） 又称DNA芯片，它是指通过微电子技术和微加工技术将大量特定序列的DNA探针（片段）按矩阵高密度固定在玻璃、硅片等支持物上，将待测样品标记制备成探针与芯片杂交，杂交信号用激光扫描仪检测，用计算机分析结果。目前基因芯片已广泛用于抗肿瘤药物的药效评价。

② 模式生物（model organism） 生物学家通过对选定的生物物种进行科学研究，揭示某种具有普遍规律的生命现象，这种被选定的生物物种就是模式生物。常见的模式生物有酵母、果蝇、线虫和斑马鱼等。

③ 基因打靶技术（gene targeting） 基因打靶技术是一项定向改变生物活体遗传信息的实验手段，通过对生物活体遗传信息的定向修饰，并使修饰后的遗传信息在生物体内遗传，表达突变的性状，从而研究基因功能，提供相关疾病治疗、新药筛选评价模型。

（2）药效学研究技术要点 药效学研究技术要点有以下九条。

① 试验设计 在新药药效学研究的试验设计中要严格遵循"随机、对照、重复"的原则。

② 动物模型 动物模型是药效学研究的核心，理想的动物模型应与人类疾病临床相似或相近，能够反映防治疾病对象的本质。

③ 观测指标 药效观测指标的选定应符合以下原则：特异性（specificity）、敏感性（sensibility）、重现性（reproducibility）、客观性（objectivity）、准确性（accuracy）和精确性（precision）。

④ 实验动物 药理学研究一般选用成年、符合等级要求的动物，并附有供应单位的合格证。在可能条件下，应尽量选用与人体的结构、功能、代谢和疾病特点相近或相似的实验动物。通常，选用2～3种不同种属的动物进行药效学实验，从而减少由于动物模型与临床的区别、人与动物的种属差异造成的误判。实验动物的数量与结果的可靠程度密切相关。通常，每剂量组小动物不少于10只，犬与猴等大动物不少于6只。

⑤ 受试药物 受试药物是药效学研究的对象和物质基础，应采用工艺稳定、符合临床使用质量标准规定的中试样品。

⑥ 对照试验 在主要药效学试验中，除受试药物组外，通常需设立若干对照组，以正确判断受试药物的药效。

⑦ 给药方案 给药方案通常包括：给药剂量、给药途径、给药方式、给药时间。

⑧ 实验记录 实验记录的内容应包括下列各项：实验名称、实验方案、实验时间、实验材料、实验环境、实验方法、实验过程、实验人员、实验结果。

⑨ 结果分析 实验结束要认真整理实验结果，仔细核对实验数据，按新药申报要求总结资料。这些资料可分为：定量资料，如血压、体温等测定值，两组间比较多采用t检验，多组间比较则需进行方差分析；定性资料，如机体对药物的反应只有"有"或"无"两种情况，实验结果常用百分数表示，统计分析可采用卡方检验；分级资料，如药效的持续时间、病理程度等按等级划分的资料，不宜用上述方法进行统计分析，常采用秩和检验及Ridit

法等非参数统计分析方法。

2.药物临床前安全性评价

新药研究的临床前安全性评价，包括一般药理学试验和毒理学评价两个方面。

（1）一般药理学试验　一般药理学（general pharmacology）是对主要药效学作用以外进行的广泛的药理学研究，内容包括次要药效学（secondary pharmacology）和安全药理学（safety pharmacology）。通常所说的一般药理学是指安全药理学。

安全药理学研究新药对机体一些重要生命活动，如心血管系统、中枢神经系统、呼吸系统、消化系统、内分泌系统和外周神经系统等功能的影响，特别是在常规毒理研究中较少涉及的药物对高级神经活动的影响，以评价与发现药物和预期治疗作用无关的药理学效应，以及由此可能产生的危害。

（2）毒理学评价　毒理学评价具体包括：全身用药的毒性研究、制剂的特殊安全性试验和特殊毒性试验三个方面。

① 全身用药的毒性研究　又分为急性毒性试验和长期毒性试验。急性毒性试验是临床前新药安全性评价的第一步，是评价单次或24h内多次给药后动物所产生的毒性反应，包括定性和定量两方面的内容，以获得药物急性毒性的定量估测值，确定急性中毒的靶器官和临床中毒表现，为其他毒性试验的剂量设置提供依据。长期毒性试验是指对动物反复多次连续用药（一般指连续用药14天以上）的毒性试验，以观察反复给药情况下实验动物出现的毒性反应、量效关系和主要靶器官损害程度及其可逆性等，并获得反复给药情况下实验动物能耐受的剂量范围及安全无毒性反应的安全剂量。

② 制剂的特殊安全性试验　主要考察药物制剂经非口服途径给药后，对给药局部、血液系统和免疫系统等的毒性作用，包括：刺激性（acrimony）试验、过敏性（anaphylaxis）试验、溶血性（hemolysis）试验等。

③ 特殊毒性试验　包括：遗传毒性研究（genotoxicity study），即致突变试验；生殖毒性研究（reproductive toxicity study），即致畸试验；致癌毒性研究（carcinogenicity）；药物依赖性研究。

3.临床前药动学研究

临床前药动学研究是通过动物体内、体外和人体外的研究，揭示药物在体内的动态变化规律，获得药物的基本药动学参数，阐明药物的吸收、分布、代谢和排泄的规律和特点。

临床前药动学研究内容涉及以下内容。

（1）血药浓度-时间曲线　对实验动物给药后，在不同时间点采集血样，经处理、分离测定，以时间为横坐标，药物浓度为纵坐标绘制曲线，可以获得药物的血药浓度-时间曲线（drug concentration-time curve），简称药时曲线。图4-17为药时曲线示例。

（2）药物的吸收、分布、代谢及排泄过程

① 吸收（adsorption）　是指药物由给药部位进入血液循环的过程，除直接血管内给药或心内注射给药外，其他给药方式均需吸收过程才能进入血液循环。

② 分布（distribution）　是指药物吸收后，随血液循环到达各组织、器官的过程。

③ 代谢（metabolism）　又称生物转化（biotransformation），是指药物在体内酶系统、体液的pH值或肠道菌群的作用下，发生结构转变的过程。

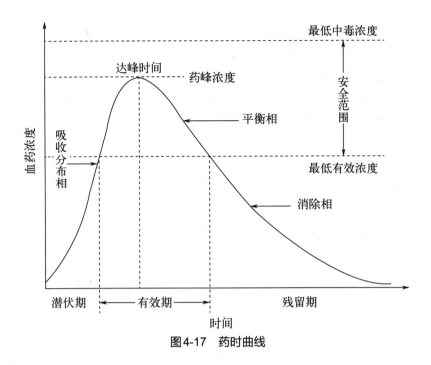

图4-17 药时曲线

④ 排泄（excretion） 是指药物及其代谢物经机体的排泄或分泌器官排出机体的过程，它是大多数药物从机体消除的主要方式。药物的排泄途径主要有：尿排泄、粪排泄和胆汁排泄。

（3）药物与血浆蛋白结合 药物进入血液后，通常与血浆中的蛋白质结合，只有游离的药物才能透过生物膜进入相应的组织或靶器官，产生效应或进行代谢与排泄。

（4）药物对药物代谢酶的影响 药物的生物转化依赖于酶的催化，参与体内药物代谢的酶可分为专一性酶（如单胺氧化酶）和非专一性酶（如细胞色素P450酶系）。对于创新药物，应观察其对代谢酶，尤其是细胞色素P450酶系的诱导或抑制作用。

三、药物临床前研究相关职业（岗位）

（一）药物临床前药学研究相关职业（岗位）

药物临床前药学研究对人力资源需求巨大，为药学类专业的不同层次学生提供了广泛的就业空间，也成为药学类专业学生施展才华的重要舞台。

1.药物合成研究员

基于有机化学原理，用小分子合成药物；或者提取到天然产物进行半合成改造和修饰；或者提取天然成分，进行分离、纯化等。概括起来，主要开展药物化学合成和生产工艺研究。

2.制剂研究员

从事与药物制剂和制剂技术相关的研究开发、工艺设计、生产技术改进和质量控制等方面的工作。

3.药物分析和质量研究员

在新药临床前研究中主要从事原料药、制剂质量标准研究。

4.药品注册申请人员

药品注册是指国家药品监督管理局根据药品注册申请人的申请，依照法定程序，对拟上市销售药品的安全性、有效性和质量可控性等进行审查，并决定是否同意其申请的审批过程。新药研发单位是注册申请人，而具体承办此项工作的专业人员被称为"办理药品注册申请事务的人员"，他们与新药研发各环节研究人员一道将各种研究资料汇总成符合新药注册要求的申报资料，并将资料提交管理部门，接受审评专家的质疑，解答各种问题，并将审评的意见反馈给相关研究人员。

5.专利管理员

主要从事专利申请材料的撰写、专利维护，以及新药信息调研、分析和总结等工作。

（二）药物临床前药理毒理研究相关职业（岗位）

1.药理学研究员

药理学是连接医学和药学的桥梁学科，涉及药理学的职业范围比较广，最直接的职业是在制药公司的新药研发部门从事药理、药效学评价的技术或管理工作。

2.毒理学研究员

毒理学是专业性很强的学科，新药的安全评价必须在GLP实验室进行。毒理学研究员的工作内容主要为：负责新药毒理试验方案的设计、实施以及实验过程的监察；负责汇编药理毒理研究新药注册申报资料。

四、药物临床前研究相关学科

（一）药学研究相关学科

1.药物化学

药物化学是一门发现和发明新药，合成化学药物，阐明化学药物性质，以及探索药物小分子与机体细胞相互作用规律的综合性学科。

2.药剂学

药剂学基本任务是，研究将药物制成适宜的剂型，以质量优良的制剂满足医疗卫生工作的需要。

3.药物分析学

药物分析学是利用各种分析测试手段，发展药物的分析方法，研究药物的质量规律，对药物进行全面检验与质量控制的科学。

4.生物药剂学

生物药剂学的基本任务是研究药物及其制剂在体内的ADME过程，阐明药物的剂型因素、机体的生物因素和药物效应三者之间的关系。生物药剂学主要研究药理上已证明有效的药物，当制成某种剂型，以某种途径给药后是否很好地吸收，从而及时分布到体内所需作用的组织及器官，在这个作用部位上只要有一定的浓度并在一定时间内维持该浓度，就能有效地发挥药理作用。

5.药动学

药动学的基本任务是，应用动力学原理与数学模型，定量地描述与概括药物通过各种途径进入人体内的ADME过程的"量-时"变化的动态规律。

（二）药理、毒理研究相关学科

药物的药效学评价、临床前安全性评价和药动学研究主要涉及药理学（药效学和药动学）、毒理学等学科。

1.药理学

药理学（pharmacology）是一门研究药物与机体（包括病原体）之间相互作用规律的学科。它是基础医学和临床医学、药学和医学之间的桥梁学科。研究内容包括：①药效学（pharmacodynamics，PD），主要研究药物对机体的作用及作用机制，即在药物作用下机体发生的变化及机制；②药动学（pharmacokinetics，PK），主要研究药物在机体的影响下所发生的变化及规律，包括吸收、分布、代谢及排泄等药物的体内过程，即机体如何对药物进行处置，特别是血药浓度随时间变化的规律。

2.药物毒理学

毒理学（toxicology）是一门研究化学物质（包括药物、环境污染物和工业化学物质等）、物理因素和生物因素对生物体有害作用的应用学科。药物毒理学（drug toxicology）是毒理学的一个分支，主要研究人类在应用药物防病治病过程中，药物不可避免地导致机体全身或局部病理学改变，甚至引起不可逆损伤或致死作用；同时也研究药物对机体有害作用的发生、发展与转归，毒理机制及其危险因素（包括对新药上市前的安全性评价和危险性评估）。

第四节　药物临床研究

药物临床研究包括新药临床研究和药品上市后再评价。在我国，新药临床研究必须经过国家药品监督管理局批准后方可实施，且应严格遵循《药物临床试验质量管理规范》的要求。药品上市后再评价是对已批准上市的药品，在广泛人群中应用的情况作进一步的科学评价，以加深人们对该药品的认识，探索该药品的合理应用方法。

一、新药临床研究

（一）新药临床研究概述

1.新药临床研究的重要性

药物非临床研究中所选的实验动物与人在生物学特性上的差异，决定了临床研究的必要性。一方面，药物的疗效可能因受试对象种属的不同而呈现出差异，如雌激素能终止大鼠和小鼠的早期妊娠，但并不能终止人的妊娠；吗啡对家犬、兔、猴和人的主要作用是中枢抑制，而对小鼠和猫则表现出中枢兴奋作用。另一方面，同一药物对动物体和人体的不良反应亦可能很不同。研究表明，动物实验中往往能发现1/3～2/3的不良反应，而诸如恶心、上腹不适、头昏、皮疹和耳鸣等人体常见不良反应不可能经动物实验发现。因此，动物实验和体外实验不能代替临床试验。

据统计，国外研发一个创新药物，从基础研究开始到上市销售，一般需要10年以上的时间，平均研发费用约为10亿美元，其中临床研究占据了所消耗时间和费用的70%以上。可见，新药临床研究在整个药物研发链条上的重要性。

2.新药临床研究的规范性

出于对药物安全性和有效性的重视，世界各国不断发展和完善新药临床研究管理法规和监督管理体系。目前世界各国政府及其药品监督管理部门均以药物临床试验质量管理规范（GCP）这样的法规形式具体管理新药临床研究，以保障受试者的安全与研究结果的可靠，从而保证上市药品的安全性和有效性。

新药临床研究相关重要规范如下所述。

（1）《世界医学协会赫尔辛基宣言》 简称《赫尔辛基宣言》，于1964年6月，在第18届世界医学协会联合大会上被采纳。该宣言是一份包括以人作为受试对象的生物医学研究的伦理原则和限制条件的国际文件。《赫尔辛基宣言》至今已经过6次修订，成为全世界药物临床研究共同遵循的伦理原则。

（2）WHO-GCP 20世纪90年代初，世界卫生组织（WHO）根据各国药物临床试验质量管理规范，制定了适用于各成员国的指导原则。

（3）ICH-GCP 1991年，由美国食品药品监督管理局（FDA）等多个机构发起的人用药品注册技术要求国际协调会（International Conference on Harmonization of Technical Requirements for Registration of Pharmaceuticals for Human Use，ICH），在比利时布鲁塞尔召开了第一次大会，共同商讨制订了统一的药物临床试验质量管理规范国际标准。后来这些国家标准又经过多次修订。

（4）我国《药物临床试验质量管理规范》 我国现行《药物临床试验质量管理规范》的制定，参照了WHO和ICH的药物临床试验规范指导原则，规范中的要求结合了中国现阶段新药临床研究的具体情况，基本实现与国际接轨。

（二）新药临床研究的基本内容和要求

新药临床研究（clinical study）包括临床试验（clinical trial）和生物等效性试验（bioequivalence trial），这是新药研发是否成功的关键环节。

1.临床试验

（1）临床试验的概念 临床试验是指任何在人体（患者或健康志愿者）进行药物的系统性研究，以证明或揭示试验药物的作用、不良反应和（或）试验药物的吸收、分布、代谢和排泄，目的是确定试验药物的疗效与安全性。

新药临床试验分为Ⅰ、Ⅱ、Ⅲ和Ⅳ期进行，逐步开展，逐渐深入。

Ⅰ期临床试验（phase Ⅰ clinical trial） 即初步的临床药理学及人体安全性评价试验。观察人体对于新药的耐受程度和药物在人体中的初步药动学特征，为制订给药方案提供依据。通常采用开放试验方法。

Ⅱ期临床试验（phase Ⅱ clinical trial） 是治疗作用初步评价阶段。其目的是初步评价药物对目标适应证患者的治疗作用和安全性。推荐的方法是随机盲法对照临床试验（blind randomized controlled clinical trial）。

Ⅲ期临床试验（phase Ⅲ clinical trial） 是治疗作用确证阶段。其目的是进一步验证药物对目标适应证患者的治疗作用和安全性，评价利益和风险关系，为药物注册申请获得批准提供充分的依据。一般应为具有足够样本量的随机盲法对照试验。

Ⅳ期临床试验（phase Ⅳ clinical trial） 是新药上市后由申办者进行的应用研究阶段。其目的是考察在广泛使用条件下，药物的疗效和不良反应，评价在普通或者特殊人群中使用的利益与风险关系，以及改进给药剂量等。通常采用多中心开放试验。

（2）临床试验的基本要求 各期临床试验的基本要求见表4-2。

☐ 表4-2 各期临床试验的基本要求

分期	研究内容	受试者	受试药品病例数最低要求	备注
Ⅰ	耐受程度、药动学	健康志愿者	20～30例	必要时，患者为受试者
Ⅱ	治疗作用初步评价	患者	100例	随机盲法对照试验
Ⅲ	治疗作用确证	患者	300例	随机盲法对照试验
Ⅳ	考察广泛使用条件下的疗效和不良反应	患者	2000例	一般为多中心开放性试验

2.生物等效性试验

生物等效性是指两种或两种以上药物临床效应的一致性。生物等效性试验，首选生物利用度试验法，这是以药代动力学参数为指标，比较同一种药物的相同或者不同剂型的制剂，在相同的试验条件下，其活性成分吸收程度和速度有无统计学差异的人体试验。受试者常为健康成年男性，一般要求18～24例。

3.临床试验的管理

药物临床试验的组织实施需要申办者和临床研究机构共同参与，特殊情况下需要药品监督管理部门参与。药物临床试验质量的好坏依赖于整个临床试验过程的规范化管理。参与试验的各个机构和部门必须各司其职，各尽其能。

（1）药品临床研究的申办者 药品临床研究的申办者（sponsor）是发起一项临床试验，并对该试验的启动、管理、财务和监察负责的公司、机构或组织。其职责为：

a. 获得国家药监部门签发的药物临床试验批件；

b. 任命监察员，按GCP要求监督试验过程；

c. 每期临床试验结束后，先由省级药监部门完成《药品注册研制现场核查报告》（临床试验部分），之后申办者向国家药监部门提交临床试验和统计分析报告；

d. 完成Ⅳ期临床试验后，申办者向国家药监部门提交总结报告。

（2）临床研究机构 临床研究机构职责：

a. 负责实施临床试验；

b. 临床试验的各阶段管理（接受试验任务、制订试验方案、签订试验协议、伦理申请、人员培训、试验启动、试验过程的检查和反馈、试验结束、数据统计和试验总结）；

c. 接受申办者和药监部门监督和检查；

d. 统一保存和管理所有临床试验档案。

（3）药品监督管理部门　药品监督管理部门主要职责：

a. 国家药监部门批准临床试验；

b. 进行监督检查；

c. 国家药监部门可依据法规责令修改临床试验方案、暂停或终止临床试验。

4.受试者的权益保障

在药物临床试验的过程中，必须对受试者的个人权益给予充分的保障，受试者的权益、安全和健康必须高于对科学和社会利益的考虑。伦理委员会（ethics committee）对伦理申请的审批、知情同意书签名是两项保障受试者权益的主要措施。

（1）伦理委员会与临床试验方案审批　伦理委员会是由医学专业人员、法律专家及非医务人员组成的独立组织，其职责为核查临床试验方案及附件是否合乎道德，并为之提供公众保证，确保受试者的安全、健康和权益受到保护。伦理委员会的组成和一切活动不应受临床试验组织和实施者的干扰或影响。

临床试验方案须经伦理委员会审议同意并签署批准意见后方可实施。在试验进行期间，试验方案的任何修改均应经伦理委员会批准；试验中发生严重不良事件，应及时向伦理委员会报告。

（2）知情同意书　知情同意书（informed consent form）是每位受试者自愿参加某一临床试验的文件证明。研究者需向受试者说明试验性质、试验目的、可能的收益和风险、可供选用的其他治疗方法，以及符合《赫尔辛基宣言》规定的受试者的权利和义务等，使受试者充分了解后表达其同意。

二、药品上市后再评价

1. 药品上市后再评价及其意义

药品上市后再评价是指对已批准上市的药品在广泛人群中使用的有效性、安全性及经济性进行系统的科学评价。

药品上市后需要再评价，主要是由于药品上市前的所有研究工作都存在局限性，即使是严格管理条件下进行的上市前临床研究，也仍然存在病例少、研究时间短、观察指标有限、试验对象年龄范围窄、用药条件控制较严和目的单纯等局限。药品上市前临床研究的局限性、上市后临床用药的复杂性，决定了药品批准上市后需要在更大范围内开展更深入的研究。一个药品只要在使用，就需要不断地进行再评价，以保证符合安全、有效和经济的合理用药要求。

2. 药品上市后再评价的内容

药品上市后再评价有四个方面内容：①药品安全性评价；②药品质量评价；③临床有效性评价；④经济性评价。

3. 我国药品上市后再评价措施与制度

目前，我国已经实施或正在建立的药品上市后再评价措施与制度包括：

（1）新药Ⅳ期临床试验；

（2）中药注射剂安全性评价；

（3）仿制药质量一致性评价；

（4）处方药与非处方药转化评价。

4.上市药品安全性监测及其方法

上市药品安全性监测是上市药品再评价的重要组成部分和基础。其目的是发现、评价和预防不良反应（adverse drug reaction，ADR）或其他与药物有关的问题。

目前，上市药品安全性监测的主要途径和方法如下所述。

（1）自发报告系统　自发报告系统（spontaneous reporting system，SRS）是收集药品安全性信息的主要来源，其在上市药品安全性监测中的基本作用是产生风险信号。所谓风险信号是指尚未完全证明的药品与不良反应相关的信息。

1977年，Rawlins建议把临床不良反应事件分为A型和B型。其中，A型不良反应较常见，与药物的药理学效应一致，通常具有剂量依赖性特点，而且具有可预知性；B型不良反应罕见，是患者接受药物后产生的变应性和特异性反应，无剂量依赖性且不可预知。

（2）医院集中监测　医院集中监测（intensive hospital monitoring）是指在一定的时间（数月或数年）、一定的范围内对某一医院或某一地区内使用某药物所发生的不良反应作详细记录，判断不良反应发生规律。例如，通过此法发现，依他尼酸的使用和胃肠出血有明显的相关性。图4-18给出了依他尼酸分子结构式。

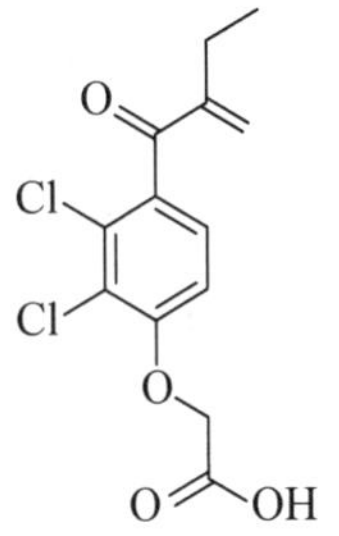

图4-18　依他尼酸分子结构式

（3）流行病学方法　流行病学方法（epidemiologic methods），包括病例对照监测（case control study）和队列研究（cohort study）。病例对照监测是通过对比患者（患有研究目标疾病）和未患此病的对照组对某种药物的既往接触史，找出两组对该药可能存在差异的研究方法。队列研究是首先确定一个暴露于受试药物的群体和一个不暴露于受试药物的群体，并对其进行跟踪研究，寻找相互之间结果差异的研究方法。

（4）处方事件监测　处方事件监测（prescription-event monitoring，PEM）属于非干预性观察队列研究，该法通过医生开具的处方来跟踪患者的反应，适用于监测新上市药品在广泛人群中的安全性。

（5）记录链接　记录链接（record-linkage）的核心思想是每个人都会有生命记录，这些记录记载了生命期间的各种疾病治疗时间，记录链接就是将这些分散的治疗记录整合，与上市药品进行对应研究。

知识拓展

药物遗传学在上市药物再评价中的应用

药物遗传学（pharmacogenetics）是生化遗传学的一个分支学科，它研究遗传因素对药动学的影响，通过对编码药物代谢酶（drug metabolizing enzyme）、转运体（transporter）或受体（receptor）基因多态性的分析，获知药物在不同个体体内的ADME过程或药物效应特征，以此决定药物的合理选择与合理使用方法，从而使患者得到最佳的治疗效果和避免严重的不良反应发生。

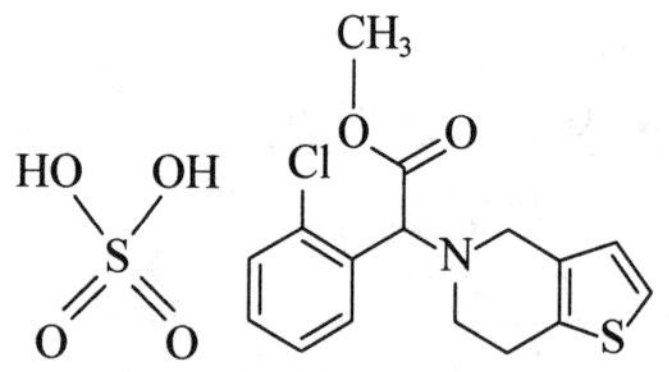

图4-19 氯吡格雷结构式

一些需要通过代谢进行活化的药物，如氯吡格雷，在超快代谢型（UM）患者中严重不良反应发生率明显增多，而在弱代谢型（PM）患者体内药效明显下降。总体而言，约有25%的药物效应的个体差异来自药物代谢酶的基因多态性造成的药动学性质的变化。药物遗传学的研究成果为上市药品再评价提供了更多关于药品特征的参考数据。

图4-19为氯吡格雷结构式。

三、药物临床研究相关药学职业（岗位）

药物临床研究相关药学职业主要是指在新药临床研究和药品上市后再评价体系中从事相应工作的药学专业技术人员。

1.与新药临床研究相关的主要职业（岗位）

（1）临床试验中的研究者（investigator） 是实施临床试验，并确保临床试验质量及受试者安全和权益的负责人。其中药学人员，主要参与Ⅰ期临床试验阶段的人体耐受性试验、人体药动学研究和生物等效性评价研究，Ⅱ、Ⅲ和Ⅳ期临床试验阶段的临床药动学研究。

（2）临床试验中的药师 负责试验用药品的保存和使用。试验用药品（investigational product）包括用于临床试验的试验药物、对照药品或安慰剂。

（3）临床试验中的申办者（sponsor） 负责发起、申请、组织和监察一项临床试验，并提供试验经费。

（4）临床试验中的监察员（monitor） 是由申办者任命并对申办者负责的具备相关知识的人员，主要负责组织相关项目的临床监察，并负责制订相关项目的临床监察实施计划。监察员是申办者与研究者之间的主要联系人。

（5）临床试验中的重要辅助科室及人员 临床试验的实施需要医疗机构中的重要辅助科室及人员的合作与参与，使其具备处理紧急情况的一切设施，以确保受试者安全。临床试验室、影像室研究人员是临床试验研究团队的重要组成部分；急诊室和重症监护室（ICU）在临床试验中可以是招募受试者的重要场所；护士是临床研究团队的重要成员。

（6）临床试验中的数据管理及统计分析员 其职责包括确定随机试验分配方案、设盲试验揭盲的条件及程序设置、试验数据录入、管理和统计分析等。

（7）临床试验中的研究协调员 研究协调员（clinical research coordinator，CRC）的主要职责是做好研究者、受试者、伦理委员会、医疗机构和申办者或政府部门间的联络工作，保证临床研究从设计到结束顺利运行，确保临床研究的质量和完整性。

2.与药物上市后再评价相关的主要职业（岗位）

参与药物上市后再评价的人员是多专业的，涉及药学、医学、护理、卫生和统计等。药学专业人员参与药物上市后再评价的岗位是医院临床药师、药师和药品生产企业中的销售代表等。

《中华人民共和国药品管理法》中规定，国家实行药品不良反应报告制度。药品生产企业、药品经营企业和医疗机构必须经常考察本单位所生产、经营和使用的药品质量、疗效和反应，发现可能与用药有关的严重不良反应，必须及时向所在地省级人民政府药品监督管理部门和卫生行政部门报告。因此，药品生产企业、药品经营企业和医疗机构中的药学人员是药品不良反应最重要的报告人和分析研究员。

四、药物临床研究相关主要学科

药物临床研究是一项由临床医学、药学、统计学、伦理学、经济学及药事管理学等多种学科相互渗透、支持的系统性研究。下面就药物临床研究中涉及的主要药学学科进行简要介绍。

1.生物药剂学

生物药剂学（biopharmaceutics）是药剂学的一个分支学科，其在药物临床研究方面的主要内容有：①研究药物剂型因素和药效之间的关系；②研究机体的生物因素（如年龄、生物种族、性别、遗传等）与药效之间的关系；③研究药物在体内的吸收、分布、代谢和排泄的机制对药效的影响。

2.药动学与临床药动学

药动学（pharmacokinetics）是应用动力学原理与数学处理方法，定量描述药物在体内动态变化规律的学科。临床药动学（clinical pharmacokinetics）是研究药物在人体内的动态变化规律，并应用于临床给药方案制订和药物临床评价的应用性学科。

3.药理学与临床药理学

药理学（pharmacology）是研究药物与机体相互作用及其规律的一门学科。临床药理学（clinical pharmacology）是以临床患者为研究和服务对象的应用科学，其任务是将药理学基本理论转化为临床用药技术，即将药理效应转化为实际疗效。

4.医学统计学

医学统计学（medical statistics）是运用概率论与数理统计的原理与方法，结合医学实际，研究数字资料的收集、整理分析与推断的一门学科。其研究内容包括统计研究设计、总体指标的估计、假设检验、联系、分类和鉴别等工作。

5.药物遗传学

药物遗传学（pharmacogenetics）是生化遗传学的一个分支学科，它将药理学与遗传学相结合，研究由于个体的遗传因素造成药物对个体产生不同的效应，包括治疗效果和不良反应。

6.药物流行病学

药物流行病学（pharmacoepidemiology）是运用流行病学的原理和方法，研究人群中药物的利用及其效应的应用科学，是20世纪80年代以来由临床药理学和流行病学等学科相互渗透形成的一门新学科。

7.药事管理学

药事（pharmaceutical affairs）是指与药品研制、生产、流通、使用、价格、广告、信息和监管等活动有关的事。药事管理学（pharmacy administration）是一门应用社会学、法学、经济学、管理学与行为科学等多学科理论与方法，研究"药事"的管理活动及其规律的学科。

8.药物经济学

药物经济学（pharmaceutical economics）是经济学原理与方法在药品领域内的具体运用。广义的药物经济学是运用经济学的基本原理和分析方法，研究药物在防病治病过程中的成本和效果，考察某种疾病的治疗方案或一项医疗卫生政策的社会效应和经济效应的学科，包括研究供需双方的经济行为、供需双方相互作用下的药品市场定价以及药品领域的各种干预政策措施等。

9.循证医学与循证药学

循证医学（evidence-based medicine，EBM）即遵循证据的临床医学；循证药学（evidence-based pharmacy，EBP）是在循证医学的基础上产生的。最简单的循证医学与循证药学表述是以科学证据为基础的临床医学与临床药学。

学习小结

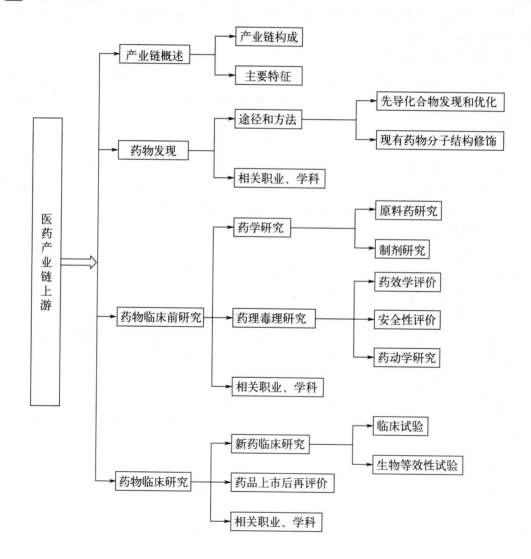

思考题 ··

1.简述医药产业的概念及医药产业链包含的基本环节。

2.简述新药发现的主要途径。

3.简述原料药临床前药学研究的主要内容。

4.简述新药临床研究的重要性。

扫描二维码可查看

思考题参考答案

 参考文献 ··

[1] 毕开顺.药学导论［M］.4版.北京：人民卫生出版社，2022.

[2] 杨世民，李华.药学概论［M］.2版.北京：科学出版社，2017.

[3] 蒋学华.药学概论［M］.北京：清华大学出版社，2013.

[4] 国家发展改革委经济研究所课题组.中国药品生产流通体制改革及医药产业发展研究（下）［J］.经济研究参考，2014，（32）：3-38.

[5] 中国化学制药工业协会.中国制药工业发展报告（2021）［M］.北京：社会科学文献出版社，2021.

[6] 孔菲，曹原，徐明，等.我国医药产业发展态势分析及展望［J］.中国工程科学，2023，25（5）：1-10.

（董春萍，马晓明，王车礼）

第五章

医药产业链下游

 学习目标 ··

1.**掌握**：制药过程开发与设计、药品生产、药品流通、药品应用和药事管理等环节的主要任务。

2.**知晓**：制药过程开发与设计、药品生产、药品流通、药品应用和药事管理等环节相关职业（岗位）及主要学科。

3.**了解**：我国医药产业面临的机遇、挑战与发展前景。

 案例导入 ··

缬沙坦事件

缬沙坦是一种血管紧张素 II 受体拮抗剂。它在降低血压的同时，不影响心脏肌肉的收缩和节律，是一种理想的降压药。

2018年7月6日，某药业公司发布公告称，该公司在对缬沙坦原料药生产工艺进行优化评估的过程中，发现并检定出一种有基因毒性的杂质——N-亚硝基二甲胺（NDMA），含量极微。在发现该情况后，该公司随即告知相关客户和监管机构，并召回相关产品。

缬沙坦与NDMA的分子式见图5-1。

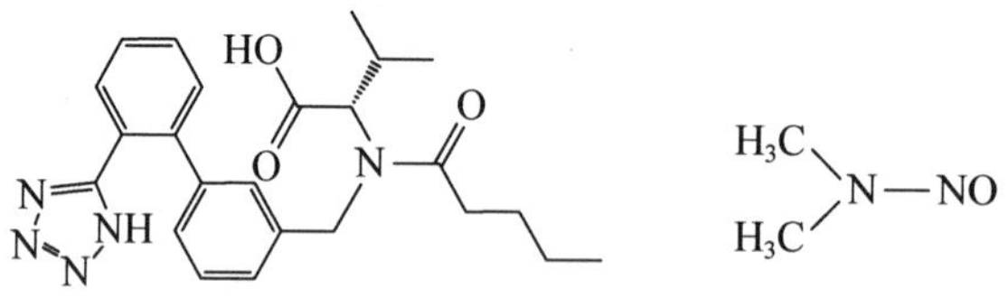

(a)缬沙坦　　　　　　　　　　(b)NDMA

图5-1　缬沙坦与NDMA分子式

收集此事件相关资料，并回答下列问题：

1. 事件发生后，社会舆论及市场反应怎样？

2. 事件发生后，监管部门做了什么？

3. 事件发生后，对患者的影响怎样？

4. 有基因毒性的杂质NDMA是怎么产生的？为什么之前没有发现？

扫描二维码
可查看答案解析

第一节　制药过程开发与设计

任何药物的探索与研究成果，只有通过制药工程的过程开发技术与生产技术，将原辅料制成符合药典标准的药品，才能实现其价值。本节重点介绍制药过程开发与设计。

一、制药过程开发

1.制药过程开发的概念

制药过程开发是指一种新药品或新技术从立项开始，经过研究、设计、建设到投产的整个过程。它涉及制药工艺、制药工程、机械设备、自控仪表、材料腐蚀与防护、技术经济等多个学科领域。整个过程包括科研、设计、制造、基建、试生产等多个环节。

2.制药过程开发程序

（1）传统制药过程开发程序　采用逐步经验放大法，可分为以下步骤：1）实验室进行小试，小试又可细分为化学实验（侧重方法学研究）和工艺小试（侧重工艺学研究）；2）转入中试；3）交由设计院进行工程设计；4）由企业进行基建；5）试生产。参见图5-2。

传统过程开发程序的缺点是，容易造成工艺与工程脱节、研究与设计脱节、技术与经济分离的后果。

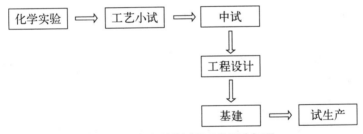

图5-2　传统制药过程开发程序框图

（2）现代制药过程开发程序　现代制药过程开发主要分为以下三个阶段：基础开发研究阶段、过程开发研究阶段、工程设计与基建阶段，参见图5-3。

① 基础开发研究阶段　工作内容包括：基础研究，即在实验室进行探索性实验，寻找反应规律，得到系统的实验数据；基础研究完成后，进行概念设计和初步的技术经济评价，目的是发现基础研究中的问题，得出是否继续进行下一步开发研究的结论。

② 过程开发研究阶段　工作内容包括：进行扩大实验或冷模试验，以获得最佳工艺条件、必要的物性参数和工程数据。处理数据，再次进行技术经济评价，得出是否继续进行开发的结论。进行中试，验证概念设计中的一些设想和结果，并制得一定数量的产品，供临床试验用。进行基础设计，并做出详细的技术经济评价。

③ 工程设计与基建阶段　工作内容包括：设计单位参照基础设计，结合企业具体情况进行工程设计；企业依照工程设计进行基建施工，试车投产。

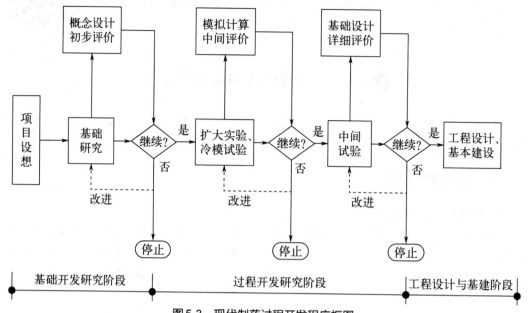

图5-3　现代制药过程开发程序框图

上述现代制药过程开发程序中，基础研究只是制药过程开发的基础；过程开发研究是制药过程开发的主体；工程设计与基建（包括冷模试验、扩大实验、模拟计算、基础设计和各阶段技术经济评价等）是制药过程开发的灵魂。

3.工程研究的主要方法

在现代制药过程开发程序中，工程研究贯穿于整个开发过程中。这样，既可保证开发质量，又可减少返工，从而加快了开发进度。需要指出的是，工程研究不同于科学研究。工程研究的重点在于控制、改造自然，创造物质财富；而科学研究的重点在于认识、反映自然，创造知识财富。

工程研究的三种主要方法为：

（1）系统论方法　系统论是一门整体科学，它关注结构中的组成部分的关系和相互依赖的问题。工程研究要立足于系统的整体性，注意系统的相关性；通过模型化达到最优化。

（2）信息论方法　信息具有非物质、非能量属性，是物质与能量多种属性的表征。信息论是一门研究信息传输和信息处理系统中一般规律的学科。

（3）控制论方法　控制论是关于自我控制系统的理论，它以"反馈"概念为依据，通过关于一个系统以往运行情况的信息，来控制这个系统的未来行为。

二、制药工程设计

制药工程设计属于制药过程开发的一部分。鉴于制药工程设计的重要性，这里作重点讨论。

（一）制药工程设计概述

1.制药工程设计的任务

制药工程设计的任务是依据小试、中试获得的研究成果（合成路线、工艺参数等），将一系列单元反应、单元操作和加工工序组织起来，设计出一个生产流程具有合理性、技术装备具有先进性、设计参数具有可靠性、技术经济具有可行性的成套制药工程装置或制药车间；然后，在规定的地区建造厂房，布置各类生产设备，建设配套公用工程，使其按设计目标试车、投产。这个过程是制药工程设计的全过程。可见，制药工程设计一头与实验室科学研究紧密联系，另一头与医药市场紧密联系。

需要强调的是，安全性和可靠性是制药工程项目设计的第一要务。药品是直接关系到人民身体健康和生命安全的特殊产品。因此，药品质量必须符合《中国药典》，制药工程设计和药品生产必须符合GMP要求。

2.制药工程设计的分类

（1）按设计装置新旧程度　分为：新建装置全套设计；现有装置技术革新与改造。

（2）按设计产品形态　分为：原料药生产设计；制剂生产设计。

（3）按药品品种　分为：合成药厂设计；中药提取药厂设计；生物制药厂设计。

3.医药工程项目设计的基本程序

医药工程项目从项目建议到交付生产一般要经过如图5-4所示的基本工作程序。

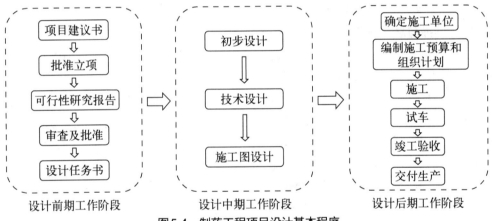

图5-4　制药工程项目设计基本程序

此工作程序可分为以下三个阶段。

（1）设计前期　该阶段主要对项目的社会效益和经济效益、技术可靠性、工程的外部条件等进行研究。主要工作要完成：项目建议书、可行性研究报告、设计任务书。

（2）设计中期　根据已批准的设计任务书（或可行性研究报告），开展设计工作。一般按工程的重要性、技术的复杂性和项目的资金量，可将设计分为三种情况：①三阶段设计，包括初步设计、技术设计和施工图设计；②两阶段设计，包括扩大初步设计和施工图设计；③一阶段设计，只有施工图设计。下面重点介绍三阶段设计：

① 初步设计　初步设计是根据已下达的任务书及设计基础资料，确定全厂设计原则、设计标准、设计方案和重点技术问题。设计内容包括总图、工艺、运输、土建、电力照明、

通风采暖、洁净空调、上下水道、动力和设计概算等。

初步设计成果是：a.初步设计说明书。内容主要有工艺流程设计、物料衡算、能量衡算、设备选择和计算、车间布置设计、管道设计、非工艺条件设计、工艺部分设计概算等。b.设计图纸。主要是带控制点的工艺流程图、车间布置图及重要设备装配图。

② 技术设计　技术设计是在初步设计的基础上，解决初步设计存在和尚未解决而需要进一步研究解决的一些技术问题，如特殊工艺流程方面的试验、研究和确定，新型设备试验、制造和确定等。

技术设计的成果是技术设计说明书和工程概算书。

③ 施工图设计　完成各类施工图纸、施工说明及施工图预算工作。

（3）设计后期　主要工作有：

① 项目建设单位制定标底，通过招投标确定施工单位；

② 施工单位编制施工预算和施工组织计划；

③ 施工图三方会审后，开始施工（设计部门派人参与现场施工过程，以便了解和掌握施工情况，确保施工符合设计要求，也能及时发现和解决施工图中的问题）；

④ 施工完成后，进行设备调试和试生产；

⑤ 试车正常后，组织验收；

⑥ 交付生产。

（二）制药工程设计基本内容

1.厂址选择与总图布置

（1）厂址选择　厂址选择（site selection）是指在拟建地区具体地点范围内明确建设项目坐落的位置，是基本建设的一个重要环节。

目前，我国药厂的选址工作大多采取由建设业主提出、设计部门参加、政府主管部门审批的组织形式进行。选址工作组一般由工艺、土建、给排水、供电、总图运输和技术经济等专业人员组成。

下面以药物制剂生产为例，介绍选址时应考虑的各项因素：

① 环境　制药厂最好选在大气条件良好、空气污染少的地区；

② 供水　厂址应靠近水量充沛、水质良好的水源；

③ 能源　应考虑建在电力供应充足和邻近燃料供应的地点；

④ 交通运输　应建在交通运输发达的地区；

⑤ 自然条件　自然条件包括气象、水文、地质、地形，要考虑拟建项目所在地的气候特征；

⑥ 环保　对工厂投产后给环境可能造成的影响作出预评价，取得当地环保部门认可；

⑦ 城市规划　符合城市发展的近、远期发展规划，留有发展的余地；

⑧ 协作条件　应选择在储运、机修、公用工程和生活设施等方面具有良好协作条件的地区；

⑨ 其他　下列地区不宜建厂：有开采价值的矿藏地区，国家认定的历史文物、生物保护和风景游览地，地耐力在0.1MPa以下的地区，对机场、电台等使用有影响的地区。

（2）总图布置 厂址确定后，要进行工厂的总图布置，又称总图布局。按照项目的生产品种、规模，在用地红线内进行厂区总平面布置、竖向布置、交通运输设计和绿化布置。

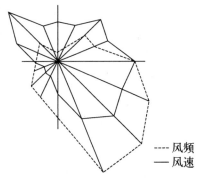

----- 风频
—— 风速

图5-5 某市风向频率玫瑰图

药厂的总图布置要满足生产、安全、发展规划三方面的要求。

① 生产要求：a.功能分区布置合理，既便于相互联系，又避免污染。例如，依据厂址所在地的风向频率玫瑰图（参见图5-5），将原料药生产区布置在制剂生产区的下风侧。b.建筑系数、土地利用系数及容积率高，药厂各部分建筑分配比例合理。c.人、物分流，交通路线尽可能径直、短捷、通畅，避免交叉和重叠。d.工程管线布置考虑周密，管线之间、管线与建筑物之间相互协调，方便施工、生产和检修。e.按照功能分区要求，规划一定面积的绿化带。

② 安全要求：a.根据生产使用物质的火灾危险性、建筑物的耐火等级、建筑面积、建筑层数等因素，确定建筑物的防火间距。b.储罐区、危险品库应布置在厂区的安全地带。

③ 发展规划要求：厂区布置要能较好地适应工厂的近、远期规划，并留有一定的发展余地。

图5-6为某药厂厂区总图布置示意图。

图5-6 某药厂厂区总图布置示意图

2.工艺流程设计

工艺流程设计是制药工艺设计的核心。制药工艺流程设计包括实验工艺流程设计和生产工艺流程设计两部分。以下讨论生产工艺流程设计。

（1）工艺流程设计的任务 工艺流程设计的任务有：

① 确定工艺流程的组成单元、具体内容、顺序和连接方式（基本任务）；

② 确定载能介质的种类、技术规格和流向（如水蒸气、冷冻盐水、压缩空气等）；

③ 确定生产控制方法（温度、压力、流量等参数控制）；

④ 确定"三废"的治理方法；

⑤ 制定安全技术措施；

⑥ 绘制工艺流程图；

⑦ 编写工艺操作方法。

（2）工艺流程设计的成果　工艺流程设计的成果主要有：带控制点的工艺流程图（piping and instrument diagram，PID）、工艺操作说明书。

3.物料衡算

物料衡算是车间工艺设计中最先完成的一个计算项目，其结果是后续进行能量衡算、设备工艺设计与选型、管道设计、原材料消耗定额等各种设计项目的依据。

（1）物料衡算的原理与应用　物料衡算是以质量守恒定律和化学计量关系等为基础，其原理是，进入一个人为选定的控制体的全部物料质量，等于离开该控制体的物料质量与该控制体积累物料质量之和。

$$\sum M_{进料} = \sum M_{出料} + \sum M_{积累} \qquad (5\text{-}1)$$

物料衡算的应用主要有两个方面：一方面，对已有的生产设备或装置，利用实际测定的数据，可以算出一些未知或不能测量的物理量；另一方面，对设计新的反应器或装置，依据设计任务作物料衡算，继而作能量衡算，可以确定设备尺寸大小，获得设备的热负荷等一系列设计数据。

（2）物料衡算的基本步骤　物料衡算的基本步骤有：

① 收集衡算所需的基本数据，包括物性数据（如密度等）、原料规格数据（有效成分与杂质含量等）、相平衡常数、化学反应转化率等；

② 列出化学反应方程式（包括主反应和副反应）；

③ 根据给定条件画出物料流程简图；

④ 选择物料计算基准；

⑤ 列出物料平衡表；

⑥ 绘制物料流程框图。

4.能量衡算

（1）能量衡算的作用　能量衡算的作用有：

① 在过程设计中，能量衡算可以确定过程所需要的能量，从而算出过程能耗指标，便于多种方案比较；

② 能量衡算的数据是设备选择与设计的重要依据之一；

③ 能量衡算是工艺优化、生产管理、经济核算的基础。

（2）能量衡算的依据　能量衡算的依据主要是能量守恒定律。能量存在的形式有多种，系统与环境之间可以通过物质传递、做功和传热等方式传递能量。在药品生产过程中，热能是最常用、最主要的能量形式，所以能量衡算经常为热量衡算。

（3）热量衡算步骤　热量衡算步骤如下：

① 确定衡算范围，绘制设备的热平衡图；

② 收集有关数据；

③ 选择计算基准；

④ 计算各种形式的热量；

⑤ 列出热量平衡表；

⑥ 求出载能介质（加热剂或冷却剂）的用量与规格；

⑦ 求出单位产品的动力消耗定额、小时最大用量、日用量和年消耗量。

5.工艺设备选型与设计

设计符合要求的设备，或者选择适当型号和规格的设备，是完成生产任务、取得良好经济效益的重要前提。

（1）工艺设备分类　可分为：

① 原料药设备　又分为定型设备和非定型设备；

② 制剂设备　以机械设备为主，大部分为专用设备。

（2）工艺设备选择与设计的任务　主要有：

① 确定单元操作所用设备类型；

② 根据工艺要求，决定设备的材料；

③ 确定标准设备的型号以及台数；

④ 对于已有标准图纸的设备，确定标准图的型号和图号；

⑤ 对于非定型设备，计算确定设备的主要结构尺寸，提出设备设计条件清单；

⑥ 编制工艺设备一览表。

6.车间布置

车间布置是指对厂房配置和设备排列做出合理的安排。制药车间一般由生产部分、辅助生产部分和行政生活部分组成。生产部分根据生产工艺和GMP要求，可分为一般生产区及洁净区。

车间布置的主要内容：①确定车间的火灾危险类别、爆炸与火灾危险性场所等级和卫生标准；②确定车间建筑物（构筑物）和露天场所的主要尺寸，并对车间的生产、辅助生产和行政生活区域位置作出规划；③确定全部工艺设备的空间位置。

车间布置需重点考虑以下几点。

（1）车间总体布置设计　车间布置既要考虑车间内部的生产、辅助生产、行政和生活的协调，又要考虑车间与厂区供水、供电、供热等的呼应，使之成为一个有机整体。车间总体布置需考虑如下内容。

① 厂房形式　包括厂房组成形式（集中式或单体式）、厂房的层数，厂房平面的形状、尺寸和建筑模数制；

② 厂房平面布置；

③ 厂房立面布置；

④ 辅助车间和行政生活用房的布置。

（2）设备布置基本要求　设备布置的基本要求有：①满足GMP要求；②满足生产工艺要求；③满足建筑要求；④满足安装和检修要求；⑤满足安全和卫生要求；⑥结合生产工

艺的可能和地区气候条件，可以考虑部分设备露天或半露天布置。

（3）原料药"精烘包"工序和制剂车间布置　原料药的"精烘包"工序（即精制、烘干和包装工序），以及制剂车间对洁净度的要求较高，必须严格执行GMP。制剂车间设计除了要遵循一般车间常用的设计规范和规定外，还要遵照《医药工业洁净厂房设计标准》（GB 50457）。

以下简要讨论制剂车间设计。

① 厂房形式　以建造单层大框架、大面积的厂房最为合算。

② 功能分区　可分成：a.仓储区；b.称量、前处理区和备料室；c.辅助区；d.生产区；e.中贮区；f.质检区；g.包装区；h.公用工程及空调区；i.人流物流净化通道。

③ 生产区域划分　车间分为一般生产区和洁净区；洁净区按洁净度可细分为A、B、C、D四个级别。

图5-7为某制药车间平面布置图。

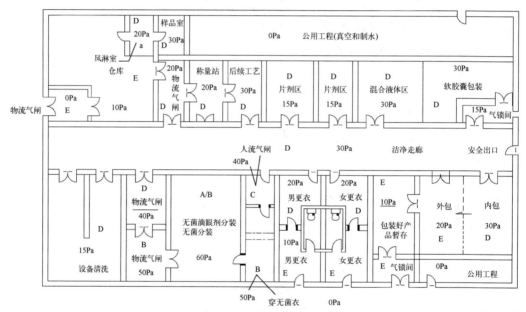

图5-7　某制药车间平面布置图

7.管道设计

管道在制药车间起着输送物料及传热介质的作用。正确地设计和安装管道，对减少药厂基本建设投资以及维持正常生产操作有着十分重要的意义。

（1）管道设计的条件　应具备如下基础资料：①施工流程图；②设备平立面布置图；③设备施工图；④物料衡算和热量衡算；⑤工厂地质情况；⑥地区气候条件；⑦其他，如水源、锅炉房蒸汽压力和压缩空气压力等。

（2）管道设计的内容　初步设计阶段主要是：①选择和确定管道、管件和阀门的规格和材料；②估算管道投资。

施工图设计阶段还需要确定：①管沟的断面尺寸和位置；②管道的支撑间距和方式；

③管道的热补偿和保温；④管道的平、立面位置；⑤管道施工、安装、验收的基本要求。

（3）管道设计的成果　主要包括：a.管道平立面布置图；b.管架图；c.楼板和墙的穿孔图；d.管架预埋件位置图；e.管道施工说明书；f.管道综合材料表；g.管道设计概算书。

8.制药洁净厂房空调净化系统设计

（1）药厂洁净区设计总原则　主要有四条：①平面布置合理；②区域划分严格；③防止交叉污染；④方便生产操作。

（2）药厂洁净区环境控制要求　药厂洁净区环境控制要求众多，现择要举例如下。

① 对厂房的要求　应设有必要的保暖、通风、降温、防尘、防污染、防蚊蝇、防虫鼠、防异物混入等设施。门的开启方向应朝向洁净度高的房间；无菌操作区不得设置可开启式窗户。

② 对人员和物料的要求　操作人员须经准备、淋浴、更衣、风淋后方可进入洁净区。物料应通过缓冲室，经清洁、灭菌后进入洁净区。

③ 对设施的要求　工器具应通过传递窗灭菌后进入洁净区。洁净区的公用系统管线应安装在技术夹层内，不得直接暴露于洁净空间。

④ 对水池和地漏的要求　无菌操作的B级洁净区不得设置地漏；无菌操作的C级洁净区应避免设置水池和地漏。

⑤ 对气压的要求　洁净室与室外大气的静压差>10Pa，洁净级别不同的相邻房间之间的静压差>5Pa。

⑥ 对温度和湿度的要求　洁净室（区）的温度和湿度应与药品生产工艺相适应，并满足人体舒适的要求。一般情况下温度控制在18~28℃，相对湿度控制在45%~65%。

⑦ 对微生物和尘埃的要求　依据国家颁布的GMP，不同洁净室（区）空气洁净度级别所要求的微生物和尘埃有明确的规定，详见表5-1。

⑧ 对风量的要求　室内应保持一定的新鲜空气量，如大于40m³/（人·h）。

⑨ 其他特殊要求　如：a.避孕药品的生产厂房应与其他药品生产厂房分开，并设有独立的专用空气净化系统；b.生产激素类、抗肿瘤类化学药品应避免与生产其他药品使用同一设备和空调净化系统；c.放射性药品的生产、包装和储存应使用专用的、安全的设备，生产区排出的空气不应循环使用，排气中应避免含有放射性微粒。

□ **表5-1　洁净区空气洁净度级别**

洁净度级别	悬浮粒子最大允许数/（个/m³）			
	静态		动态	
	≥0.5μm	≥5.0μm	≥0.5μm	≥5.0μm
A级	3520	20	3520	20
B级	3520	29	352000	2900
C级	352000	2900	3520000	29000
D级	3520000	29000	不作规定	不作规定

9.非工艺设计项目

药厂非工艺设计项目有如下几类。

（1）建筑设计　主要是根据建筑标准对制药企业的各类建筑物进行设计。

（2）工艺用水　分为饮用水、软化水、纯化水和注射用水。

（3）公用工程　包括：①供水和排水；②供电；③冷冻；④采暖通风。

（4）职业安全和环境保护　根据生产环境的火灾危险性，一般制药车间分为五个级别；环境保护工程和主体工程应同时设计、同时施工和同时投产。

（5）工程经济　包括：①土建工程；②给排水工程；③采暖通风工程；④特殊建构筑物工程；⑤电气照明工程；⑥工艺设备及安装工程；⑦工艺管道工程；⑧电气设备及安装工程；⑨器械、工具及原料购置等的概（预）算。

三、制药过程开发与设计相关职业（岗位）

制药过程开发与工程设计相关的职业主要有以下几类。

1.工程咨询工程师

工作包括：①规划咨询；②编制项目可行性研究报告；③编制项目建议书；④评估咨询。

2.工程设计工程师

工作包括：①基础工程设计/初步设计；②详细工程设计/施工图设计。

3.工程管理工程师

工作为：

（1）EPC工程项目管理　EPC，即engineering、procurement、construction的组合，中文称为设计采购施工总承包，是指由工程总承包企业依据规定，承担项目的设计、采购、施工和试运营等工作，并对工程全面负责的项目模式；

（2）PMC工程项目管理　PMC，即project management contract，项目管理承包，是指项目业主聘请一家工程公司，作为业主项目管理的延伸，代表业主按合同管理内容对项目实施全过程进行管理；

（3）施工建设管理；

（4）工程监理。

4.工程采购工程师

工作为：设备采购，材料采购，专用设备采购、安装。

5.环境评估与治理工程师

工作为：编制环境影响报告书、编制环境影响报告表、环境污染治理。

6.技术开发工程师

工作为：工艺技术开发和工程技术开发。

四、制药过程开发与设计相关学科

制药过程开发与工程设计相关的学科（课程）主要有以下几种。

1.工程制图

工程制图是研究工程图样的绘制和阅读的一门学科，它以画法几何的投影理论为基础，研究解决空间几何问题，在平面上表达空间物体。

2.化工原理

化工原理是一门综合运用数学、物理和化学等基础知识，分析和解决化工类型生产中各种物理过程（单元操作）问题的工程学科，主要研究化工与制药生产中各单元操作的基本原理、计算方法和所用设备的结构与选型等。

3.制药工程原理与设备

制药工程原理与设备是一门研究制药工业生产过程中典型单元过程和加工工序的工程原理、设备结构、设计与控制方法的综合性应用型工程学科，它以化工原理和机械原理为基础，内容涉及化学反应工程、生物反应工程、中药提取工程、药物分离纯化工程、药物制剂工程和药品包装工程。

4.制药工艺学

制药工艺学是一门研究药物工业生产过程的共性规律及其应用的学问，包括制备原理、工艺路线和质量控制。它综合应用化学、生物学、单元操作和机械设备的知识，充分考虑药品的特殊性，针对药物生产条件和所需环境等的要求，研究药物制造原理、生产技术、工艺路线、工艺放大、过程优化与质量控制，分析和解决药物生产过程的实际问题。从工业生产角度，主要是改造、设计和开发药物的生产工艺，包括小试研究、中试放大研究，最终制定出相应的生产操作规程，指导药品生产。

5.药品生产质量管理工程

药品生产质量管理工程是指综合运用药学、工程学、管理学及其他相关的科学理论和技术手段，对生产中影响药品质量的各种因素进行具体的规范化控制，以保证药品质量。它以GMP为核心内容和基本原则，用系统工程和质量管理工程的方法，研究GMP具体实施的实用管理方法和技术。

6.制药过程安全与环保

制药过程安全与环保是制药工程的专业必修课，它结合制药工程的特点，系统介绍制药过程安全与环保的概念、原理、法规、标准、安全环保技术及制药企业安全与环保管理实践。

7.制药工程设计

制药工程设计是一门以药学、药剂学、工程学、药品生产质量管理规范及相关理论和工程技术为基础，综合研究制药工程项目设计的应用型工程学科，内容包括制药工程项目设计的基本程序、工艺流程设计、物料衡算、能量衡算、工艺设备选型与设计、车间布置、管道设计、净化空调系统设计、制药用水系统设计和非工艺设计项目。

第二节　药品生产

药品生产的重要意义不仅在于为临床疾病治疗提供最有力的武器——药品，在拯救生命、维护健康和改善生活质量等方面发挥着不可替代的作用；还在于药品生产是我国国民经济重要组成部分，医药产业被誉为"不落的太阳"。

一、药品生产准入制度

1.药品生产许可证

药品是特殊商品，药品生产具有一定的准入要求。根据现行《中华人民共和国药品管理法》，开办药品生产企业，须经企业所在地省级人民政府药品监督管理部门批准并发给《药品生产许可证》，凭此证到工商行政管理部门办理登记注册。无《药品生产许可证》的，不得生产药品。

《药品生产许可证》应当标明有效期和生产范围，到期重新审查发证。

2.开办药品生产企业的条件

开办药品生产企业，必须具备以下条件：

（1）具有依法经过资格认定的药学技术人员、工程技术人员及相应的技术工人；

（2）具有与其药品生产相适应的厂房、设施和卫生环境；

（3）具有能对所生产药品进行质量管理和质量检验的机构、人员以及必要的仪器设备；

（4）具有保证药品质量的规章制度，并符合国务院药品监督管理部门制定的药品生产质量管理规范要求。

二、药品生产及其管理

（一）药品生产

药品生产分为原料药生产和药物制剂生产。

1.原料药生产

原料药（active pharmaceutical ingredient，API）是指通过化学合成、半合成及微生物发酵或天然产物提取分离获得的，用于制造药物制剂的活性药物成分。原料药依据其微生物限度及药用要求，分为无菌原料药（sterile API）和非无菌原料药（non-sterile API）。

原料药生产具有如下特点：①往往包含复杂的化学变化或生物变化过程；②较为复杂的中间控制过程；③反应过程产生副产物，需要分离纯化；④不同品种原料药的生产工艺及设备不同，可共用性较小；⑤生产自动化程度越来越高，过程分析技术应用越来越多；⑥有些化学反应或生物反应的机制尚不彻底清楚；⑦交叉污染严重。

图5-8为某药企原料药生产车间图片。

图5-8 某药企原料药生产车间

在取得某原料药的"药品注册批件"后，生产企业按照制定颁布的该原料药的生产工艺规程组织药品生产，并对生产过程进行技术质量管理。

（1）原料药生产的工艺规程

每一种原料药都有生产工艺规程，其主要内容包括：

① 产品概述；

② 原材料、辅料和包装材料质量标准及规格；

③ 化学反应过程及生产工艺；

④ 生产工艺过程　包括：a.原料配比，如投料量、折纯及质量比和物质的量之比；b.主要工艺条件及详细操作过程，如反应液配制、反应、后处理、回收、精制和干燥等；c.重点工艺控制点，如加料速度、反应温度和减压蒸馏的真空度等；d.异常现象的处理，如停水、停电和产品质量不符合要求等；

⑤ 中间体和半成品的质量标准和检验方法；

⑥ 技术安全与防火、防爆；

⑦ 资源综合利用和"三废"处理；

⑧ 操作工时与生产周期；

⑨ 劳动组织与岗位定员；

⑩ 设备一览表及主要设备生产能力；

⑪ 原材料、能源消耗定额和生产技术指标；

⑫ 物料平衡。

（2）原料药生产的操作规程

根据每个原料药生产的工艺规程，还需对每个原料药的生产制订操作规程，作为岗位工人生产操作的技术文件依据。原料药生产操作规程的主要内容包括：

① 生产操作方法和要点；

② 重要操作的复核、复查；

③ 中间产品质量标准及控制；

④ 安全和劳动保护；

⑤ 设备维护和清洗；

⑥ 异常情况处理和报告；

⑦ 工艺卫生和环境卫生。

按照工艺规程和操作规程生产的每批产品，要求有相应的批生产记录，据此可追溯该批产品的生产历史以及与质量有关的情况。

生产的原料药需进行包装，并有批包装记录。生产包装好的原料药，按照质量标准进行检验。符合要求后，方可销售出厂，供制剂生产用。

2.制剂生产

具有生物活性的药物原料不能直接用于临床，需要以一定的剂量和给药形式，即做成药物制剂才能应用。

药品生产企业在取得某药物制剂品种的"药品注册批件"后，按照制定颁布的该制剂的生产工艺规程，组织药品生产，并对生产过程进行技术质量管理。图5-9展示了某药企制剂生产车间的工作场景。

图5-9 某药企制剂生产车间

每种药品的每个生产批量均有经企业批准的工艺规程，不同药品规格的每种包装形式均有各自的包装操作要求。

（1）制剂工艺规程 工艺规程的制定以注册批准的工艺为依据。制剂工艺规程的内容一般包括以下内容。

① 生产处方 包括：a.产品名称和产品代码；b.产品剂型、规格和批量；c.所用原、辅料清单，阐明每一物料的指定名称、代码和用量等。

② 生产操作要求 包括：a.对生产场所和所用设备的说明，如操作间的位置和编号，洁净度级别，必要的温、湿度要求，设备型号和编号等；b.关键设备的准备（如清洗、组装、校准和灭菌等）、所采用的方法或相应操作规程编号；c.详细的生产步骤和工艺参数说明，如物料的核对、预处理、加入物料的顺序、混合时间和温度等；d.所有中间控制方法及标准；e.预期的最终产量限度；f.待包装产品的贮存要求，包括容器、标签及特殊贮存条件；g.需要说明的注意事项。

③ 包装操作要求 a.以最终包装容器中产品的数量、重量或体积表示的包装形式；b.所需全部包装材料的完整清单；c.印刷包装材料的实样或复制品，并标明产品批号、有效期打印位置；d.注意事项，包括对生产区和设备进行的检查，在包装操作开始前确认包装生产线的清场已经完成；e.包装操作步骤的说明，包括重要的辅助性操作和所用设备的注意事项、包装材料使用前的核对；f.中间控制的详细操作，包括取样方法和标准；g.待包装产品、印刷包装材料的物料平衡计算方法和限度。

（2）制剂操作规程 根据每个药品生产的工艺规程，制订操作规程，作为岗位工人生产操作的技术文件依据。制剂操作规程的主要内容包括：

① 生产操作方法和要点；

② 重要操作的复核、复查（如处方和投料量的复核）；

③ 中间产品质量标准及控制（如片剂生产的中间体颗粒含量的测定、注射液生产的中间体溶液pH值的测定与控制等）；

④ 安全和劳动保护；

⑤ 设备维护和清洗；

⑥ 异常情况处理和报告；

⑦ 工艺卫生和环境卫生。

按照工艺规程和操作规程生产的每批产品，要求有相应的批生产记录，可追溯该批产品的生产历史以及与质量有关的情况。生产的药品需进行包装，并有批包装记录。生产包装好的药品按照药品质量标准进行检验，符合要求后销售出厂，供临床使用。

（二）药品生产质量管理规范

我国药品生产应按照《药品生产质量管理规范》(GMP)的要求进行管理。我国现行GMP包括总则、质量管理、机构与人员、厂房与设施、设备、物料与产品、确认与验证、文件管理、生产管理、质量控制与质量保证、委托生产与委托检验、产品发运与召回、自检及附则，共计14章，313条。作为现行GMP配套文件，GMP附录包括无菌药品、原料药、生物制品、血液制品及中药制剂5个方面的内容。它们对药品生产过程所涉的各个方面作了明确的规定，现概要介绍如下。

1.规范出台目的

规范总则部分明确指出，本规范作为质量管理体系的一部分，是药品生产管理和质量控制的基本要求，旨在最大限度地降低药品生产过程中污染、交叉污染以及混淆、差错等风险，确保持续稳定地生产出符合预定用途和注册要求的药品。

2.质量风险管理

规范第二章强调质量保证、质量控制及质量风险管理的重要性，其中明确指出质量保证是质量管理体系的一部分，企业必须建立质量保证系统，同时建立完整的文件体系，以保证系统有效运行。

3.机构与人员要求

规范第三章对企业建立的组织机构及从事药品生产的各级人员提出了相关的要求，并指出各级人员均应按该规范的要求进行培训和考核。

4.厂房设施及设备的要求

包括：①厂房的要求；②生产区的要求；③生产特殊性质药品的要求；④仓储区的要求；⑤质量控制区的要求；⑥设备的要求。

5.洁净区级别要求

洁净区可分为以下4个级别。

（1）A级　也称高风险操作区，如罐装区；

（2）B级　A级洁净区所处的背景区域；

（3）C级　要求中等的洁净区；

（4）D级　要求较低的洁净区。

各洁净级别对空气中悬浮粒子及微生物数目均有一定要求。不同的洁净区域适合不同的操作。

6.物料与产品的要求

药品生产所用的原辅料、与药品直接接触的包装材料应当符合相应的质量标准，应当尽可能减少物料的微生物污染程度。

7.文件管理的要求

文件是质量保证系统的基本要素。企业必须有内容正确的书面质量标准、生产处方和工艺规程、操作规程以及记录等文件。

8.生产管理的要求

所有药品的生产和包装均应当按照批准的工艺规程和操作规程进行操作，并有相关记录，以确保药品达到规定的质量标准，并符合药品生产许可和注册批准的要求。

9.质量控制与质量保证要求

质量控制实验室的人员、设施、设备应当与产品性质和生产规模相适应。应当建立药品不良反应报告和监测管理制度，设立专门机构并配备专职人员负责管理。

10.无菌药品灭菌方式及要求

无菌药品应当尽可能采用加热方式进行最终灭菌，可采用湿热、干热、离子辐射、环氧乙烷或过滤除菌的方式进行灭菌。每一种灭菌方式都有其特定的适用范围，灭菌工艺必须与注册批准的要求相一致，且应当经过验证。

11.药品批次划分原则

无菌药品和原料药品批次的划分依据不同的标准，即按药品的类别给出批次划分的原则。此处药品分为如下类别：①大（小）容量注射剂；②粉针剂；③冻干产品；④眼用制剂、软膏剂、乳剂和混悬剂等；⑤连续生产的原料药；⑥间歇生产的原料药。

12.术语的解释

规范附则部分对一些用语的含义进行界定与解释。这些术语包括以下内容。

（1）物料　指原料、辅料和包装材料等；

（2）文件　包括质量标准、工艺规程、操作规程、记录、报告等；

（3）批记录　用于记述每批药品生产、质量检验和放行审核的所有文件和记录，可追溯所有与成品质量有关的历史信息。

（4）批　经一个或若干加工过程生产的、具有预期均一质量和特性的一定数量的原辅料、包装材料或成品。

（5）洁净区　需要对环境中尘粒及微生物数量进行控制的房间（区域），其建筑结构、装备及其使用应当能够减少该区域内污染物的引入、产生和滞留。

（6）操作规程　经批准用来指导设备操作、维护与清洁、验证、环境控制、取样和检验等药品生产活动的通用性文件，也称标准操作规程。

（7）验证　证明任何操作规程（或方法）、生产工艺或系统能够达到预期结果的一系列活动。

（三）药品生产过程的质量控制流程

药品的生产过程就是质量控制过程。为了把不合格的产品在它的生产形成过程中剔除，从生产的各个环节提高药品质量，必须实行全过程管理。具体药品生产和质量控制流程见图5-10。

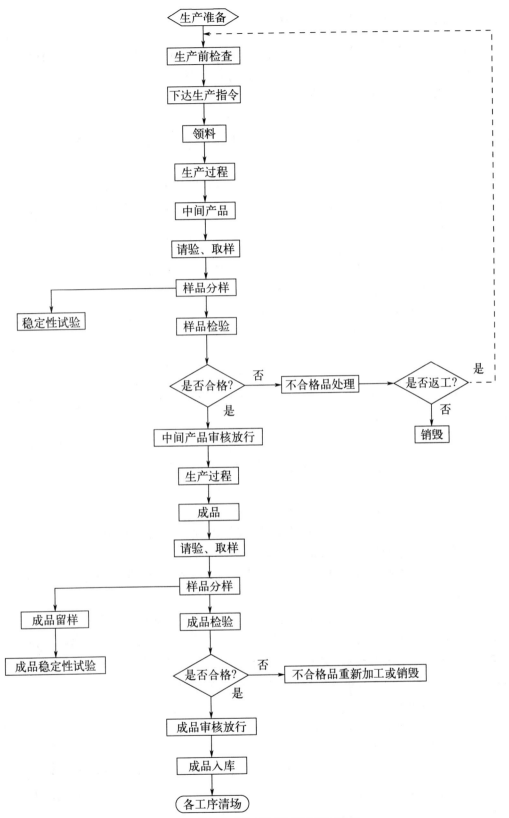

图5-10 药品生产和质量控制流程示意图

三、药品生产相关职业（岗位）

药品生产企业通常下设若干职能部门，如新药研发部门、生产部门、质量保证部门、物料部门、厂房和设备部门、信息文件管理部门，以及销售部门。不同的部门具有不同的职能。下面分部门介绍相关职业或岗位。

1.新药研发部门

近年来，我国制药企业逐步成为新药创制的主体，很多企业都设有新药研发部门。与新药研发相关的岗位有：

（1）市场调研、专利情报和信息资料查询，以及专利申请等立项准备工作；

（2）原料药生产工艺研究、制剂处方筛选与制剂工艺研究、质量标准研究和稳定性研究等临床前药学研究工作；

（3）药理学与毒理学研究（含动物药动学研究）；

（4）临床研究（企业人员主要承担组织、协调和监督检查工作）；

（5）药品注册申报工作。

此外，制药企业可能还涉及已有品种的补充申请工作，如药品生产的处方工艺变更、包装规格改变等都要办理药品补充申请。

2.生产部门

生产部门是企业的核心部门，岗位划分较细，主要有：

（1）生产计划　生产计划部门，将生产任务下达至生产车间，由车间组织原料和辅料、场地、设备、能源和人员进行生产。

（2）工艺试验　药品在生产和临床使用过程中，可能会出现一些注册申请时尚未发现的新问题，同时企业也需要利用新工艺、新技术，提高药品生产技术水平，更好地保证和提高药品质量，降低药品生产成本。因此，常开展工艺试验。

（3）药品生产工艺设计　按GMP和药品质量要求，进行药品的生产工艺流程设计、评价和确定，主要在药品注册阶段，由研发部门、设计部门和生产车间的技术管理人员共同完成，最后形成各个药品的生产工艺规程，由企业颁布执行。

（4）工序质量控制　对关键工序、特殊工序制订质量控制计划，研究设置工序质量控制点，对影响工序质量因素进行周密的分析，并进行有效的控制。

（5）药品生产操作　生产操作按照各个岗位的操作规程进行。技术人员和技术负责人的职责包括拟定和审核工艺规程和操作规程，并组织实施、监督检查执行情况，及时纠正偏差、解决生产中出现的技术问题等。车间质量检验及管理人员主要承担对中间体的检验和质量控制，以及与技术人员共同解决产品质量问题等职责。

3.质量保证部门

质量保证部门则主要是对药品生产进行质量控制，明确质量检验的要求和控制方法，防止不合格药品在工序之间的转移。

（1）质量控制员（quality control，QC）　主要工作是严格按照检验标准负责对原料药、中间体及成品药物的理化性质、杂质成分、有效成分含量、微生物、热原及细菌内毒素进行分析和检验。

（2）质量管理员（quality assurance，QA）　　主要职责：负责生产过程监控，保证产品质量；负责监督车间人员严格执行SOP、批生产指令和GMP关键控制点规定；负责生产过程各项管理措施的执行，跟踪生产过程。

（3）验证员　负责企业的各项确认或验证工作。

（4）生产技术与质量管理人员　生产技术与质量管理人员是企业的关键人员。GMP规定，企业关键人员应当为企业的全职人员，至少应当包括企业负责人、生产管理负责人、质量管理负责人和质量受权人。

4.物料部门

物料部门所涉及的岗位主要有物料采购、仓储管理。

（1）物料采购　根据具体品种的生产工艺要求，采购符合相关要求的物料，以满足生产需要。

（2）物料的仓储管理　药品生产企业的原料、辅料和包装材料都需要经过采购、入库验收、在库养护和出库验发等一系列程序，以保证物料符合规定的质量要求。

5.厂房和设备部门

相关职业岗位主要有：

（1）厂房与设施的管理与维护；

（2）设备的采购与维护。

6.信息文件管理部门

信息文件管理部门职责包括以下几点。

（1）信息专利管理　负责情报信息收集整理；负责专利起草、申请和维护管理。

（2）文件管理　GMP要求专人管理有关药品生产的文件，这些文件主要有：

① 产品生产管理文件　包括工艺规程、标准操作规程、批生产记录等；

② 产品质量管理文件　包括药品的申请和审批文件，原料、中间产品和成品质量标准及其检验操作规程，产品质量稳定性考察报告，批检验记录等。

7.销售部门

药品销售是药品生产企业实现经济利益的主要途径。销售部门在公司整体营销工作中承担的核心工作是销售和服务。

医药代表是指从事药品推广、宣传工作的市场促销人员，负责制药企业或医药公司与医院各层面的沟通，其职能是将药品推荐给临床医师并完成公司任务，同时还要关注药品疗效和追踪药品不良反应。

除了上述七个部门外，在原料药特别是化学原料药生产企业，一般设有专人负责"三废"的监测和处理，进行处理工艺及设备的合理选择，确保处理设备的正常运行，避免和减少对环境的污染。

四、药品生产相关学科

与药品生产相关的学科主要有：①制药工艺学；②制药工程学；③药物化学；④药剂学；⑤药物分析学；⑥药品生产质量管理工程等。下面着重介绍前两个学科。

1.制药工艺学

制药工艺学（pharmaceutical process）是一门研究药物生产制造工艺的科学，包含化学制药工艺学、生物技术制药工艺学和中药制药工艺学。该学科结合现代制药技术和GMP的要求，阐述制药生产的基本原理、工艺过程、工艺优化的基本原则、常用设备选择及质量控制的基本要求等。

2.制药工程学

制药工程学（pharmaceutical engineering）是在化学、药学、化学工程学等学科基础上形成的一门新兴交叉学科。制药工程学可分为药物成分获取工程（含化学反应工程、生物反应工程和中药提取工程）、药物分离工程、药物制剂工程和药品包装工程等细分学科。制药工程课程将化学、药学、工程学和经济学等学科知识有机地结合起来，培养学生将理论知识与工程实际相结合，学会从工程和经济等角度去考虑和解决复杂的制药工程问题。

第三节　药品流通

药品流通是整个药品产业链的组成部分，是市场经济条件下社会再生产过程的一个重要环节。从事药品流通行业的工作，不但要掌握必要的药学专业知识与技能，还要学习一些商品贸易、现代物流管理和电子商务等方面的知识与技能。

一、药品流通概述

1.药品流通的定义

药品流通（drug distribution）是指药品从生产者转移到使用者的全部过程和活动，包括药品流、货币流、信息流以及药品所有权的转移。药品流通的概念与单纯的药品买卖、营销不同，属于宏观经济范畴。

2.药品流通的特点

（1）购销管理法制化　药品流通过程受到一系列法律法规的制约，所有参与药品流通的企业和个人都必须严格执行。

（2）质量控制规范化　药品流通企业都要严格执行《药品经营质量管理规范》（good supply practice，GSP）。

（3）品种规格多样化　根据客户的需要，药品经营企业经营来自不同产地、不同企业的多品种、多规格的药品。

（4）从业人员专业化　在药品流通领域需要大量的药学技术人员，有些关键岗位如处方调配、药学服务等必须由药学技术人员担任。

（5）市场营销特殊化　许多市场营销策略在药品营销中并不适用。例如，国家对药品名称、药品包装、促销渠道、价格制订以及广告发布等都有特别的规定。

（6）药品流通信息化　药品与药品信息密不可分；药品信息流通是双向的。

3.药品流通的渠道

药品流通渠道又称药品销售渠道，是指药品从生产者转移到消费者手中所经过的途径，分为以下两类。

（1）直接渠道　其形式为：生产者—消费者。

（2）间接渠道　具体形式有3种：

① 生产者—零售商—消费者；

② 生产者—批发商—零售商—消费者；

③ 生产者—产地采购批发商—中转批发商—销地批发商—零售商—消费者。

由于受法律、医疗保障制度、药品销售资质、药品的类型与用途，以及购买对象的限制，间接渠道是药品流通普遍采用的途径。

4.药品销售组织的分类

（1）药品生产企业的销售体系　在法律上和经济上并不独立，财务和组织受药品生产企业控制，只能销售本企业生产的药品。

（2）药品经营企业　在法律上和经济上都是独立的，是具有独立法人资格的经济组织。药品经营企业必须首先以自己的资金购买药品，取得药品的所有权，然后才能销售。

（3）医疗机构药房　没有独立法人资格，经济上由医疗机构统一管理，属于医疗机构的一个组成部分。

（4）其他销售组织　主要指受上游企业约束的药品代理商。药品代理商在法律上是独立的，但不一定是独立的法人；在经济上通过合同形式受到药品生产企业的约束。它们不拥有商品的所有权，主要依靠赚取佣金（或提成）。从某种意义上看，它们很像药品生产企业的销售部门。

以下主要介绍药品经营企业。

二、药品经营企业

（一）概述

1.开办药品经营企业的条件

根据《药品管理法》规定，开办药品经营企业必须具备的条件包括：

（1）具有依法经过资格认定的药学技术人员；

（2）具有与所经营药品相适应的营业场所、设备、仓储设施和卫生环境；

（3）具有与所经营药品相适应的质量管理机构或者人员；

（4）具有保证所经营药品质量的规章制度，并符合国务院药品监督管理部门依法制定的《药品经营质量管理规范》（GSP）要求。

2.药品经营许可证

药品经营企业包括药品批发企业和药品零售企业。开办药品批发企业须经企业所在地省级药品监督管理部门批准并发给《药品经营许可证》；开办药品零售企业须经企业所在地县级以上药品监督管理部门批准并发给《药品经营许可证》。

申办企业凭《药品经营许可证》，到同级的工商行政管理部门办理登记注册。企业无《药品经营许可证》的，不得经营药品。《药品经营许可证》应当标明有效期和经营范围，到期重新审查发证。

（二）药品批发企业

1.药品批发企业定义

药品批发企业（drug wholesaler）是指将购进的药品销售给药品生产企业、药品经营企业、医疗机构的药品经营企业。

2.药品批发企业的功能

（1）降低药品销售中交易次数　药品流通是药品经营企业的强项，药品生产企业将药品销售给药品批发企业，可显著降低药品生产企业药品销售的交易次数，从而提高经济效益。

（2）调整药品的供需矛盾　药品批发企业担任着繁重的集散各地药品的任务，起着调节供求的蓄水池作用。

（3）提供快捷的增值服务　药品批发企业与药房、药店建立信息网络，提供自动化订货服务；还可以提供多种服务，改善药房的经营条件和方式方法。

3.药品批发企业的经营质量管理

为了确保药品的经营质量，我国的法律要求药品批发企业严格遵守《药品经营质量管理规范》。该规范从以下八个方面明确了对药品批发企业经营质量管理的要求：①管理职责；②人员资格与培训；③设施与设备；④进货管理；⑤药品验收；⑥药品储存与养护；⑦出库与运输管理；⑧销售与售后服务。

（三）药品零售企业

1.药品零售企业的定义

药品零售企业（drug retailer）是指将购进的药品直接销售给消费者的药品经营企业。药品零售企业可称为社会药房（community pharmacy），或称零售药店（retail pharmacy，drugstore），以区别于医疗机构药房（institutional pharmacy）。社会药房和医疗机构药房的不同之处是：前者为企业，要承担投资风险；后者是医疗机构的组成部分，不具有法人资格。

2.药品零售企业的分类

药品零售企业的分类方法很多。按照经营业态分类，可以分为单体零售药店和零售连锁药店；按照是否提供医疗保险用药，可分为定点药店和非定点药店。下面重点介绍零售连锁药店和定点零售药店。

（1）零售连锁药店　如果一家药品零售企业同时具有若干处零售药店（也称门店），经营同类药品，使用同一商号，在同一总部管理下，采取统一采购配送、同一质量标准、采购同销售分离且实行规模化管理的组织形式，可以视为零售连锁药店。

零售连锁药店由总部（公司或总店）、配送中心和若干门店构成。总部是连锁经营企业的核心；配送中心是连锁企业的物流机构，向该企业连锁范围内的门店进行配送；门店按总部的制度、规范要求，承担日常药品零售业务，不得自行采购药品。

根据经营资本的不同，门店还可以分为直营门店和加盟门店。直营门店的人、财、物权属于总部，受总部的直接管理；加盟门店则是通过某种合同的形式，利用连锁企业品牌和质量管理运作模式，从加盟的总部进货，但所有权不属于总店。

（2）定点零售药店　定点零售药店是指经统筹地区社会保障行政部门审查，并经社会保险经办机构确定的，为城镇职工或居民基本医疗保险参保人员提供处方外配服务的零售药店。就目前而言，定点零售药店根据国家基本医疗保险制度的规定，只能向参保人员提供属于基本医疗保险用药目录中非处方药的报销服务。

定点零售药店必须配备执业药师，具备及时供应基本医疗保险用药和24小时提供服务的能力。在店堂内设立基本医疗保险用药专柜，实现专人专账管理，并将专柜药品与其他药品的购、销、存业务分开管理。同时，与统筹地区社会保险经办机构实行联网，按规定向有关部门发送数据信息和报表，做好相应的各种台账记录。

3.零售药店的特点

零售药店的特点有：①数量众多，分布很广；②具有企业性质；③实行多种经营；④开展药学服务。

4.零售药店的经营质量管理

药品零售企业应当严格遵守《药品经营质量管理规范》，从以下六个方面符合规范要求：①管理职责；②人员与培训；③设施和设备；④药品进货与验收；⑤药品陈列与储存；⑥销售与服务。

三、药品经营相关职业（岗位）

药品经营既有一般商品经营活动规律的共性，又有其他商品经营活动所没有的特性。下面按药品批发企业和药品零售企业分别介绍其相关职业（岗位）。

（一）药品批发企业专业岗位职责

（1）贯彻执行有关药品质量管理的法律、法规和行政规章；

（2）起草企业药品质量管理制度，并指导、督促制度的执行；

（3）负责首营企业和首营品种的质量审核；

（4）负责建立企业所经营的药品的质量档案（包含质量标准等内容）；

（5）负责药品质量查询和药品质量事故或质量投诉的调查、处理及报告；

（6）负责药品验收管理，指导和监督药品保管、养护和运输中的质量工作；

（7）负责质量不合格药品的审核，对不合格药品的处理过程实施监督；

（8）收集和分析药品质量信息；

（9）协助开展对企业职工药品质量管理方面的教育或培训。

（二）药品零售企业专业岗位职责

1.经营质量管理方面

（1）负责药品购进、验收、储存、养护和出库工作的质量管理；

（2）负责药品销售及调配处方的质量管理；

（3）负责特殊药品及贵重药品的管理；

（4）制定并实施首次经营品种质量审核的规定；

（5）负责药品拆零管理；

（6）负责服务质量管理；

（7）负责重大质量问题与质量事故报告与处理；

（8）制定并实施质量信息管理制度；

（9）负责安全、卫生管理。

2.药学服务方面

（1）把对消费者健康负责的态度放在首位，正确处理职业道德与药房经济效益之间的关系；

（2）帮助消费者分析、归纳和比较使用不同药品的利弊，使其在获得最佳疗效的同时，支付最少的费用；

（3）严格执行处方审核、登记等程序，对不合格处方应拒绝调配，或经医师改正后，方可调配；

（4）面对自我治疗保健的消费者，执业药师不仅要将出售药品的适应证、注意事项告知他们，还要提醒他们防止各种药物相互作用对机体产生的不利影响；

（5）负责收集、整理并上报药品不良反应的原始信息。

四、药品流通相关学科

1.药学类相关学科

包括药理学、药剂学、药物化学、药物分析学和药事管理学等，因前面章节已有介绍，此处不再赘述。

2.药学类以外相关学科

（1）医药商品学　医药商品学是一门研究药品、保健食品和其他医疗用品作为商品的使用价值，以及在流通过程中实现其使用价值的一门应用学科。

（2）质量管理学　质量管理学是一门自然科学与社会科学相结合的边缘科学，涉及管理学、经济学、统计学、商品学和工程技术等多个学科的内容。

（3）医药市场营销学　医药市场营销学是根据市场营销学的原理，结合医药市场的特点和变化，研究医药企业在市场经济条件下，如何提高营销管理水平，达到最佳经济效益的应用型管理学科，是市场营销学的一个分支学科。

（4）现代物流管理　主要介绍现代物流管理的基本理论及主要功能，包括物流的基本概念、物流系统、物流类型、包装、装卸搬运、运输管理、仓储保管、流通加工、配送、物流组织管理、物流质量管理、物流信息管理、物流成本管理和供应链管理等。

（5）医药电子商务　医药电子商务是指采用数字化电子方式进行药品流通数据交换和开展业务活动，主要是指通过互联网的通信手段实现买卖产品和提供服务。

（6）国际医药贸易　国际医药贸易是国际贸易的一个特别领域，专指根据国际贸易的基本原则与贸易规则，在不同国家或地区之间从事药品和医疗服务的交换活动。

第四节　药品应用

药品、药学的社会价值只有通过药物应用这一最终环节才能实现。关注药品的应用是对药学和制药工程学工作者的最基本要求。我国医疗机构是药品应用的最主要场所，本节主要介绍药物的合理使用，医疗机构的基本组织结构、药学工作、职业（岗位）和相关学科。

一、药物的合理使用

1.合理用药的概念

1985年，世界卫生组织（World Health Organization，WHO）在内罗毕召开的合理用药专家会议上，将合理用药定义为"合理用药要求患者接受的药物适合他们的临床需要、疗程足够、药价对患者及其社区最为低廉"。

目前公认的合理用药应当包含四个基本要素：①安全；②有效；③经济；④适当。药物的合理应用可以保障药物治疗效果、防止药源性疾病和避免医药卫生资源的浪费。

2.影响合理用药的主要因素

（1）患者因素　由于缺乏正确的药物信息、基本医药学常识获知渠道，药品企业推销活动误导等原因，导致不恰当的自我药疗或处方要求。

（2）医生因素　教育培训及临床经验不足，未能获取客观的药物信息，以及对药物疗效的认识被误导，导致处方不当（或药物治疗方案不合理）。

（3）医疗机构因素　患者过多，医药工作者相对不足，工作流程不当等，导致患者用药顺应性差或用药失误。

（4）药物供应系统因素　供应商的虚假宣传和不当促销活动，低价药品短缺，以及供应过期药物。

（5）社会资源分配因素　医疗人力及物质资源分配不均，导致用药不足或用药过度。

二、医疗机构的基本组织结构

（一）基本概念

1.医疗机构

医疗机构（medical institutions）是指以救死扶伤、防病治病、为公民健康服务为宗旨，依法经执业登记后从事疾病诊断、治疗活动的机构。

我国医疗机构包括：综合性医院、中医及民族医医院、专科疾病防治院、康复医院、妇幼保健院、社区卫生服务中心、临床检验中心、乡镇或街道卫生院、门诊部、疗养院、急救中心、诊所、卫生所、医务室和护理站等。

根据医院的任务、规模和功能的不同，我国医院分为一级、二级和三级医院。根据其技术、管理及服务质量等综合水平，一、二级医院又分为甲、乙和丙3等，三级医院分特、甲、乙和丙4等。

医疗机构的基本组织结构分为3大系统：①医疗部门；②医疗技术辅助部门；③行政管理及后勤部门。药学部门属于医疗技术辅助部门。

2.医院药学

医院药学是药学实践的重要领域，包含医院的药事管理和药学技术服务。医院药学的全部内容是医疗工作的重要组成部分。

医院药学的专业内容包括：药品供应及经济管理、药品质量检测、药品处方与调剂、医院制剂和临床药学等。

3.医疗机构药事管理

医疗机构药事管理是指医疗机构内以患者为中心，以临床药学为基础，对临床用药全过程进行有效组织、实施与管理，促进临床科学合理用药的药学技术服务和相关的药品管理工作。

医疗机构根据医疗工作需要，设立药事管理组织和药学部门。

4.药事管理与药物治疗学委员会

药物的临床应用是涉及医学、药学和护理等多个医疗技术部门的工作，需要有权威的药事管理组织机构发挥信息沟通、宏观调控、监督指导和咨询教育等作用。

《医疗机构药事管理规定》要求，二级以上医院应当设立药事管理与药物治疗学委员会，其他医疗机构应当成立药事管理与药物治疗学组。

药事管理与药物治疗学委员会由原先药事管理委员会改革而来，以突出委员会的技术性兼管理性的特点。药事管理与药物治疗学委员会在职责界定上更加关注药品的临床合理应用，改变了以往药事管理委员会大多只行使审核引进药品的职责的状况。

（二）药学部门机构设置

医疗机构根据功能、任务和规模设置相应的药学部门，配备和提供与药学部门工作相适应的专业技术人员、设备和设施。通常情况下：①三级医院设置药学部，可以根据实际情况设置二级科室；②二级医院设置药学科；③其他医疗机构设置药房。

《医院工作制度与人员岗位职责》规定：药学部门具体负责药品采购、保管、分发、调剂、制剂、质量监测以及临床用药管理和药学服务等有关药事管理工作。

根据工作内容，一般三级医院药学部门的机构设置如下：①药品采购；②药库，含西药库、中药库、输液库；③调剂室，含门诊、急诊药房，住院药房，静脉用药配置中心，中药房，中药煎药室；④制剂室；⑤药检室；⑥临床药学，含临床药师工作、治疗药物监测、药品不良反应监测、药学信息与咨询、药物利用评价与研究。

图5-11为某二级医院的药剂科组织构架。

三、医疗机构的药学工作内容

在院领导、药事管理与药物治疗学委员会的领导、监督和指导下，药学部门具体负责医院药学工作，建立以患者为中心的药学管理工作模式，保障临床安全、有效和经济的药品应用；开展以合理用药为重点的临床药学工作，组织临床药师参与临床用药，提供各项药学技术服务。

1.医院药学工作主要内容

（1）制定内部各科室工作制度、操作规程，并组织实施。

（2）药品采购工作。

（3）药品保管、养护与质量检查。

（4）麻醉药品、精神药品、医疗用毒性药品和放射性药品的管理和监督使用。

（5）凭医师处方或者用药医嘱，经适宜性审核，核对无误后调剂配发药品。

（6）配制本机构临床必需而市场无供应的医院制剂。

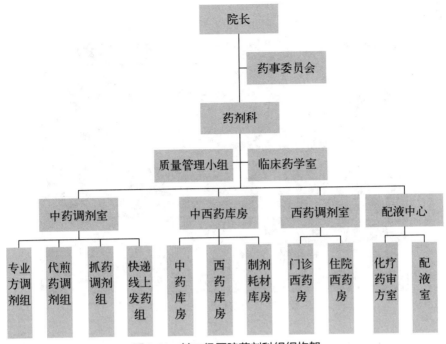

图5-11 某二级医院药剂科组织构架

（7）药品监控和质量检验检查。

（8）建立临床药师制度，参与临床药物治疗方案设计；对患者进行安全用药指导，实施治疗药物监测，指导合理用药；对处方和用药医嘱进行适宜性审核；收集药物安全性和有效性信息，建立临床药学信息系统，及时调查、掌握药学发展动态和药品市场信息，提供用药咨询服务。

（9）建立临床用药监测与控制制度，对本院药物临床使用安全性、有效性和经济性进行监测、分析、评估和干预，实施处方和用药医嘱点评和超常预警制度。

（10）建立药品不良反应和药品相关不良事件报告制度，按规定向卫生行政部门和药品监督管理部门报告。

（11）结合临床和药物治疗需要，开展药学研究工作。

（12）对药学专业技术人员培养、考核和管理。

2.医院药学的发展

医院药学作为药品临床应用的重要部分，工作模式逐步从"保障供给型"向"技术服务型"转化，体现在以下几个方面。

（1）药品采购供应、库存管理逐步规范化　药学部门根据《处方管理办法》《药品经营质量管理规范》以及本机构《药品处方集》和《基本用药供应目录》，制订药品采购计划，购入药品。《二、三级综合医院药学部门基本标准（试行）》对药库的面积、环境及设备等硬件做出了明确要求。

（2）处方调剂设备自动化　医疗机构已广泛采用：①电子处方；②自动发药机和摆药机；③静脉药物配置中心（PIVAS）。其中，PIVAS是指在人员组成、环境、设施、设备、物料管理、消毒卫生和质量控制等各方面均符合《静脉用药集中调配质量管理规范》要求的静脉用药集中调配场所，参见图5-12。

图5-12　静脉药物配置中心（PIVAS）

（3）医院制剂走向规范化　实施《医疗机构制剂配制质量管理规范（试行）》，配置更加规范；更加重视中药制剂研发。

（4）临床药学快速发展　广泛开展：①治疗药物监测（therapeutic drug monitoring，TDM）；②药品不良反应报告和监测（ADR）；③药学信息服务；④药学监护（pharmaceutical care）。

（5）建立药物安全性及其相关信息系统　药物安全性及其相关信息包括：药物相互作用、药物不良反应、中毒急救、药物误用、药物滥用和不合理用药、药物质量信息，以及药物安全性评估及相关信息系统等。

四、医疗机构的药学职业（岗位）

1.专业技术职务

按照《卫生技术人员职务试行条例》的规定，我国医疗机构药学专业技术职务包括以下3种。①高级职称：主任药师、副主任药师；②中级职称：主管药师；③初级职称：药师、药士。

不同级别的专业技术职务履行不同的职责。如，主任药师、副主任药师的职责是：制订、执行和监督下级药师遵守规章制度和操作规程；推动临床合理用药，做好用药咨询服务，做好药品供应环节各岗位的管理与技术支持；了解、掌握药学前沿动态，开展用药分析评价；主持或指导科研、教学和培训工作等。

2.岗位设置

我国医疗机构的药学人员岗位主要有：①药品采购；②药品验收、保管；③调剂；④制剂；⑤药学信息咨询服务；⑥临床药师等。

其中，临床药师是以系统临床药学专业知识为基础，熟悉药物性能与应用，了解疾病治疗要求和特点，参与药物治疗方案制订、实施与评价的临床专业技术人员。

五、医疗机构药学工作相关的主要学科

根据目前我国医疗机构的药学工作内容，其主要相关学科（课程）有以下几类。

1.基础类课程

（1）化学类　无机化学，有机化学，物理化学，分析化学和生物化学等；

（2）医学类　人体解剖与生理学，病理生理学，病原生物学，免疫学和诊断学等；

（3）其他类　心理学，医学伦理学，计算机与网络应用等。

2.药学类课程

药物化学，药剂学，药物分析学，药理学，药事管理学，体内药物分析，药物不良反应与药物警戒，药物经济学，以及药学情报与统计等。

3.临床医学类课程

内科学，外科学，妇科学，儿科学和传染病学等。

4.临床药学工作相关课程

药物治疗学，生物药剂学，临床药理学，临床药动学，医院药事管理，医药伦理学，药物流行病学等。

第五节　药事管理

一、基本概念

1.药事

药事是与药品相关的所有活动的统称，主要包括药品研发、药品生产、药品流通、药品使用和药学教育等，还包括前述活动衍生出来的药品检验、药品定价、药品广告、药品经济分析、药品产业发展和药学服务等次生活动。

2.药事管理

药事管理是指对上述所有药事活动的微观管理和宏观管理。

（1）微观管理　微观上的药事活动主体，是从事某一药事活动的个人和（或）组织机构。微观药事管理是指药事组织机构内部的管理，包括人员管理、财务管理、物资设备管理、药品质量管理、技术管理、信息管理、药学服务管理等工作。

（2）宏观管理　宏观药事管理是指国家政府的行政机关，运用管理学、政治学、经济学、法学等多学科理论和方法，依据国家的政策、法律，运用法定权利，为实现国家制定的医药卫生工作的社会目标，对药事进行有效治理的管理活动，在我国称药政管理（drug administration）或药品监督管理（drug supervision）。在我国，宏观药事管理分工如下所述。

① 宏观药事管理（大部分工作）：由国家药品监督管理局（National Medical Products Administration，NMPA）负责；

② 药品价格：主要由国家发展和改革委员会负责；

③ 药品广告：主要由NMPA和国家传媒行政管理部门分段联合负责；

④ 药品流通：主要由NMPA和国家商务行政管理部门负责；

⑤ 药品产业发展：主要由工业和信息化产业行政管理部门负责；

⑥ 药学教育：主要由教育行政管理部门负责。

3.药事组织

根据承担的药学社会任务的不同，药事组织通常可分为以下几类：药品监督管理组织，药品生产经营使用组织，药学教育、科研及药学社团组织。

（1）药品监督管理组织

① 国家药品监督管理局（NMPA） 2018年国务院组建国家市场监督管理总局，国家药品监督管理局是国家市场监督管理总局管理的国家局，为副部级。2013～2018年，国家药品监督管理机构为国家食品药品监督管理总局（China Food and Drug Administration，CFDA）。

② 地方（省、市、县级）药品监督管理机构 省、市、县级政府参照国务院整合食品药品监督管理职能和机构模式，结合本地实际，组建的食品药品监督管理机构。

③ 药品监督管理技术机构 我国的药品检验机构分为四级：a.中国食品药品检定研究院（国家药品监督管理局医疗器械标准管理中心，中国药品检验总所）；b.省、自治区、直辖市食品药品检验机构；c.地（市）级药品检验机构；d.县级药品检验所。

④ 有关的药品行政管理机构

a. 国家卫生健康委员会（医政医管局、药物政策与基本药物制度司） 指导医院药事管理等有关工作；参与药品、医疗器械临床试验管理。

b. 国家发展和改革委员会（国务院经济综合主管部门） 负责产业政策与规划、药品价格宏观管理。

c. 人力资源和社会保障部门 负责药学专业技术人员（执业药师）、医疗保险药品、定点药店管理。

d. 商务部门 负责拟定药品流通发展规划和政策。

e. 工业和信息化产业部门 负责医药产业发展规划。

f. 国防科技工业部门和环境保护部门 参与放射性药品管理。

g. 公安部门 参与特殊管理药品管理，负责组织指导食品药品犯罪案件侦查工作。

h. 工商行政部门 负责药品、医疗器械、保健食品广告活动的监督检查和违法药品广告的依法处理。

（2）药品生产经营使用组织

① 药品生产企业 是指生产药品的专营企业或者兼营企业。

② 药品经营企业 是指经营药品的专营企业或者兼营企业。

③ 医疗机构药事组织 基本特征是直接给患者提供药品和提供药学服务，重点是用药的质量及合理性，而不是为营利进行自主经营。

（3）药学教育、科研及药学社团组织

① 药学教育组织 包括高等药学教育、中等药学教育、药学继续教育。

② 药学科研组织 主要有独立的药物研究院所，以及附设在高等院校、大型制药企业、大型医院中的药物研究所、室。

③ 药学社会团体 以下为主要药学社会团体：

a.中国药学会（Chinese Pharmaceutical Association，CPA）

b.中国医药企业管理协会（Chinese Pharmaceutical Enterprises Association，CPEA）

c.中国非处方药物协会（China Nonprescription Medicines Association，CNMA）

d.中国化学制药工业协会（China Pharmaceutical Industry Association，CPIA）

e.中国医药商业协会（China Association of Pharmaceutical Commerce，CAPC）

f.中国医药教育协会（China Medicines Education Association，CMEA）

g.中国药师协会（Chinese Pharmacists Association，CPA）

h.中国医院协会药事管理专业委员会（Pharmacy Administration Commission of Chinese Hospital Association）

i.中华医学会临床药学分会（Clinical Pharmacy Commission of Chinese Medical Association）

 **知识拓展** ··

国家药品监督管理局（NMPA）主要职责

（一）负责药品（含中药、民族药，下同）、医疗器械和化妆品安全监督管理。拟订监督管理政策规划，组织起草法律法规草案，拟订部门规章，并监督实施。研究拟订鼓励药品、医疗器械和化妆品新技术新产品的管理与服务政策。

（二）负责药品、医疗器械和化妆品标准管理。组织制定、公布国家药典等药品、医疗器械标准，组织拟订化妆品标准，组织制定分类管理制度，并监督实施。参与制定国家基本药物目录，配合实施国家基本药物制度。

（三）负责药品、医疗器械和化妆品注册管理。制定注册管理制度，严格上市审评审批，完善审评审批服务便利化措施，并组织实施。

（四）负责药品、医疗器械和化妆品质量管理。制定研制质量管理规范并监督实施。制定生产质量管理规范并依职责监督实施。制定经营、使用质量管理规范并指导实施。

（五）负责药品、医疗器械和化妆品上市后风险管理。组织开展药品不良反应、医疗器械不良事件和化妆品不良反应的监测、评价和处置工作。依法承担药品、医疗器械和化妆品安全应急管理工作。

（六）负责执业药师资格准入管理。制定执业药师资格准入制度，指导监督执业药师注册工作。

（七）负责组织指导药品、医疗器械和化妆品监督检查。制定检查制度，依法查处药品、医疗器械和化妆品注册环节的违法行为，依职责组织指导查处生产环节的违法行为。

（八）负责药品、医疗器械和化妆品监督管理领域对外交流与合作，参与相关国际监管规则和标准的制定。

（九）负责指导省、自治区、直辖市药品监督管理部门工作。

（十）完成党中央、国务院交办的其他任务。

中国食品药品检定研究院主要职责

（一）承担食品、药品、医疗器械、化妆品及有关药用辅料、包装材料与容器（以下统称为食品药品）的检验检测工作。组织开展药品、医疗器械、化妆品抽检和质量分析工作。负责相关复验、技术仲裁。组织开展进口药品注册检验以及上市后有关数据收集分析等工作。

（二）承担药品、医疗器械、化妆品质量标准、技术规范、技术要求、检验检测方法的制修订以及技术复核工作。组织开展检验检测新技术、新方法、新标准研究。承担相关产品严重不良反应、严重不良事件原因的实验研究工作。

（三）负责医疗器械标准管理相关工作。

（四）承担生物制品批签发相关工作。

（五）承担化妆品安全技术评价工作。

（六）组织开展有关国家标准物质的规划、计划、研究、制备、标定、分发和管理工作。

（七）负责生产用菌毒种、细胞株的检定工作。承担医用标准菌毒种、细胞株的收集、鉴定、保存、分发和管理工作。

（八）承担实验动物饲育、保种、供应和实验动物及相关产品的质量检测工作。

（九）承担食品药品检验检测机构实验室间比对以及能力验证、考核与评价等技术工作。

（十）负责研究生教育培养工作。组织开展对食品药品相关单位质量检验检测工作的培训和技术指导。

（十一）开展食品药品检验检测国际（地区）交流与合作。

（十二）完成国家局交办的其他事项。

二、药事管理内容

1.药事管理宏观体制的研究与完善

药事管理宏观体制是指一定社会制度下，药事工作的组织方式、管理制度和管理方法，是国家权力机关关于药事组织结构设置、职能配置及运行机制等方面的制度。

2.药品监督管理

药品监督管理是指国家为保障药品安全、有效，而采取的一系列对于药事活动的管理措施。内容包括：

（1）制定药品质量标准；

（2）制定影响药品质量的工作标准、制度；

（3）制定国家基本药物目录和医保药品目录；

（4）实施国家基本药物制度；

（5）药品分类管理制度；

（6）药品不良反应监测报告制度；

（7）药品公报制度；

（8）药品政务公开；

（9）对上市药品进行再评价；

（10）药品的召回；

（11）提出药品品种的整顿与淘汰；

（12）对药品质量监督、检验。

3.药品法制管理

药品法制管理是指应用相关的法律和制度来管理药品和一系列与药品有关的活动，包括立法、执法、司法、守法，以及对法律实施的监督，也包括法律宣传教育在内，做到有法可依，有法必依，执法必严，违法必究。

4.药品注册管理

药品注册管理是药品监督管理部门对药品临床研究和拟上市销售药品进行资格审查，并决定是否同意申请人申请的一项行政许可行为。药品注册管理主要是药品研究开发的管理，其目的是加强药品从研究开发到上市的研制过程的监督管理，保证药品试验真实、规范，程序合法，药品安全、有效和质量合格。

2020年7月1日起颁布施行的《药品注册管理办法》共10章，适用于在中国境内以药品上市为目的，从事药品研制、注册及监督管理活动，其主要内容包含药物临床试验管理，药品上市许可，关联审评审批，药品注册核查、药品注册检验等方面的具体要求，以及药品的监督管理。

5.药物非临床研究质量管理

《药物非临床研究质量管理规范》（GLP）是为提高药物非临床研究质量，确保试验资料的真实性、完整性和可靠性，保障用药安全而制定的。我国现行《药物非临床研究质量管理规范》对组织机构和人员、仪器设备和试验材料、标准操作规程、研究工作的实施、资料档案，以及监督检查等内容提出了具体要求。

6.药物临床试验质量管理

《药物临床试验质量管理规范》（good clinical practice，GCP）是为保证药物临床试验过程规范、结果科学可靠，为保护受试者的权益并保障其安全而制定的管理规范。以人体为对象的临床试验均以此规范进行设计、实施和总结，以确保其在科学与伦理道德两个方面都合格。

7.药品生产质量管理

药品生产质量管理是以确定和达到药品质量要求所必需的全部职能和活动作为对象而进行的管理。《药品生产质量管理规范》（good manufacturing practice of medical products，GMP）是药品生产和质量管理的基本准则，适用于药品制剂生产的全过程和原料药生产中影响成品质量的关键工序。大力推行药品GMP，是为了最大限度地避免药品生产过程中的污染和交叉污染，降低各种差错的发生，是提高药品质量的重要措施。GMP监管模式有以下两种。

（1）GMP认证制度　自1998～2019年11月，我国实现GMP认证制度。企业取得"药品生产许可证"之后，再申请GMP认证，认证合格后发给"GMP证书"，有效期5年。

（2）GMP符合性检查　2019版《药品管理法》改变了GMP监管模式，取消了GMP证书，改为动态监管，也称作GMP符合性检查。GMP符合性检查是药监部门一种新的监管模式，它是指药监部门按照GMP规定，持续对药品生产企业质量管理体系和生产现场进行合规性检查的行为。监督检查包括许可检查、常规检查、有因检查和其他检查。

8.药品经营质量管理

《药品经营质量管理规范》（GSP）是药品经营企业在药品的购进、储存和销售等环节，实行规范管理，建立包括组织机构、职责制度、过程管理和设施设备等方面的质量管理体系，并使之有效运行，以确保销售药品的安全、有效。

9.处方药与非处方药的分类管理

根据药品品种、规格、适应证、剂量及给药途径等的不同，将药品分为处方药和非处方药，并作出相应的管理规定。

《处方药与非处方药分类管理办法（试行）》是国家药品监督管理局发布的药品类管理办法，于1999年6月11日通过审议，2000年1月1日起正式施行。该办法对于处方药的调配、购买和使用以及非处方药的标签、说明、包装印刷和销售都进行了明确的规定。

10.特殊管理药品的管理

国家对特殊管理的药品实行监管，制定了一系列管理办法或条例，如：

（1）《麻醉药品和精神药品管理条例》；

（2）《医疗用毒性药品管理办法》；

（3）《放射性药品管理办法》。

11.药品包装管理

药品的包装管理包括药品包装材料和容器、药品说明书和标签的管理。2006年国家食品药品监督管理局公布了《药品说明书和标签管理规定》。

12.药品的价格管理和广告管理

我国《药品管理法》规定了政府价格主管部门对价格的管理，明确药品生产企业、经营企业和医疗机构必须遵守有关价格管理的规定，禁止暗中给予、收受回扣等违法行为；规定了药品广告须经药品监督管理部门批准，取得批准文号，规范了药品广告的管理。

13.医药知识产权保护

医药知识产权保护是指对一切与医药行业有关的发明创造和智力劳动成果的财产权的保护。我国医药知识产权保护形式有以下几种。

（1）专利保护　有《中华人民共和国专利法》。

（2）商标保护　有《中华人民共和国商标法》。

（3）商业秘密保护　如中药复方制剂秘方的保护。

（4）行政保护　如《中药品种保护条例》等。

14.药学信息与情报管理

一方面，药学信息范围广泛、内容繁杂，各种药学信息资源质量参差不齐、内容多有重复，如何迅速获得有用信息非常重要；另一方面，药品的研发、生产、经营、使用和管理等需要更多的药学信息和情报的帮助。必须研究和掌握以下现代药学信息技术：文献检索技术、信息挖掘技术、信息管理技术、信息服务技术。

15.药学技术人员管理

药品行业相对于其他行业,对从业人员的技术能力、职业道德和服务水平等要求更高。研究药学技术人员管理的制度、方法、法律规范及行为准则,通过立法的手段实施对药学技术人员的管理非常必要。

配备药学技术人员的工作场所包括医院药房、社会药房、生产企业、流通企业、科研单位、药检所和药品监督管理部门等。

16.药学教育

研究从事药事活动人才的培养教育问题。比如:从宏观角度,一个国家或地区从事药事活动人才的培养规划;从微观角度,培养一名合格的制药工程师需要如何科学合理地构建人才培养课程体系等等。

三、药事管理相关职业(岗位)

与药事管理相关的职业可分为以下两大类。

1.在政府部门从事药事管理工作

这些部门有:药品监督管理部门,卫生行政管理部门,药品价格管理部门,社会保障(医疗保险)部门,医药卫生监察部门,医药经济调控部门等。

2.在企事业单位从事药事管理工作

这些企事业单位有:药品生产企业,药品经营企业,医药科研院所,医疗卫生机构等。

具体工作包括:卫生和药政活动的监督管理,医药资源调查研究,医药市场行为和特征分析,策划及经营等药事管理方面的工作。

四、药事管理相关学科

药事管理相关领域需要掌握药学基础理论、基本知识和基本操作技能,同时熟悉经济学、管理学和药事管理与卫生行政管理的基础理论、基本知识和分析方法。主要学习的学科或课程如下。

1.药学基础类课程

包括:有机化学,分析化学,药物化学,药剂学,生物学,生化药物,生理药理学,中医药学基础,现代医学。

2.法学类课程

包括:国内外药事法规,药品质量监督管理,药品知识产权保护。

3.管理学类课程

包括:管理学原理,组织行为学,卫生事业管理,人力资源管理,药房管理,医药企业管理,药品质量管理,医药物流管理。

4.经济学类课程

包括:药物经济学,统计学,运筹学,经济法,西方经济学,卫生经济学,药物市场营销学,国际医药贸易。

5.社会学类课程

包括:社会保障学,社会调查方法。

6.信息学类课程

包括：药学信息学、药品信息与文献评价。

综上可以看出，药事管理领域所需学生的知识结构特点是：以药学为基础，以法学为指导，以管理学、经济学为手段。

第六节　医药产业发展前景

经过多年发展，中国医药产业进入了较为成熟的发展阶段。无论从工业生产规模还是从销售市场容量来看，医药产业都是近年来中国增长较快的产业之一。"十三五"时期，生物医药产业已成为国家重点发展的战略性产业，规模以上医药工业增加值年均增长9.5%，高出工业整体增速4.2个百分点；47个国产创新药上市，产业创新取得新突破；首次上市药品超过200个，278个药品通过一致性评价，供应保障取得新进展；多条技术路线生产的新型冠状病毒疫苗实现产业化；出口交货值年均增加14.8%，国际化发展迈出新步伐。

中国医药工业呈现出规模迅速扩张、结构尚待优化和产业布局基本形成的特征，而医药销售市场呈现整体规模扩张、销售终端分化的特征。在生产规模和市场容量不断扩张的情况下，中国医药产业的国际地位不断提升，但国际竞争力仍然孱弱，产业附加值较低，在全球处于弱势分工地位。

未来一段时间，中国医药产业的发展面临着包括人口老龄化、城镇化水平不断提高、农村医疗条件不断提升、居民收入不断增长、消费结构加快升级、政府推出对医药行业大力扶持的相关政策等诸多有利条件。

一、我国医药产业发展前景广阔，潜在市场空间大

"十四五"时期，进一步围绕以人民健康为中心，加快国内国际双循环建设、产业高质量发展，将生物医药产业提升到"国家优先产业"战略高度，全面加快生物医药强国建设步伐。

2022年，我国药品医械市场占全球比重稳步提升：药品市场占世界药品市场比重从2015年的17.6%提高到2022年的20.3%；医疗器械销售额占全球医疗器械销售额比例从2019年的20.9%提高到2022年的27.5%。今后以创新研发为依托的可持续发展模式，将是医药市场发展更大的助推器。

根据世界银行报告，我国医疗卫生支出占国内生产总值的比重在新的发展阶段稳中有进，但与一些发达国家仍存在明显差距，参见表5-2。作为仅次于美国的全球第二大药品消费市场，未来我国医药潜在市场空间依然很大，并且随着医疗体制改革的持续推进和医疗保障制度的完善，医药制造整体会处于稳定发展状态。

▫ 表5-2　医疗卫生支出占国内生产总值比例的国际比较（2020年）

国别	医疗卫生支出占国内生产总值比例/%
美国	18.82
德国	12.82

続表

国别	医疗卫生支出占国内生产总值比例/%
英国	11.98
日本	10.90
中国	5.56

二、我国医药产业发展受多因素综合驱动

1.我国人口老龄化程度及人民健康意识提高

随着经济社会的快速发展和生活模式的改变，我国育龄妇女的平均生育年龄不断延后，出生人口数量2016年达到高峰值1883万后，连续多年下降。2024年出生人口数954万，虽较2023年有所增加，但只有2016年一半左右。同时，随着人民生活水平的提高和医疗技术的不断进步，我国人口平均寿命不断延长，导致老年人口占比持续增加。截至2024年年底，我国65周岁及以上老年人达2.202亿，占全国总人口数量的15.6%。虽然医学科技在不断进步，但脑血管病、心脏病、糖尿病、呼吸疾病、恶性肿瘤等重大慢性疾病和新发突发未知传染病对老年人口生命健康的威胁依然不减，慢性疾病并发症及照护压力等对社会、家庭和患者身心而言都是很大的负担。另外，得益于我国经济水平的不断提高和健康科普知识的广泛传播，人民的健康意识得到了很大程度的增强，更加期盼得到更有效、更优质的医疗服务。以上这些现实情况和需求都不断推动和要求我国医药市场的扩大和发展。

2.国际医药产业竞争压力加大

从新型冠状病毒感染疫情应对情况可以看到，国际公共卫生事件可以在很大程度上影响全球的医药产业供应链。全球政治经济波动也会直接或间接导致合作环境不利、各类产品进出口压力增加等。鉴于此，包括我国在内的世界各国都有意识地开启了"自立自强+合作共享"的双轮驱动模式。特别是就"自立自强"而言，我国正有意识地将生命健康等关乎人民切身利益的高质量研发、高效率生产等各环节技术掌握在自己手中。

3.政府对医药领域的持续投入及保障

2013～2023年，我国财政卫生支出从8279.9亿元增加到22393亿元，政府不断加大对基本医疗保障和疾病预防控制等的投入力度。在政策保障方面，医药产业政策利好，如支持社会办医，为其放宽准入标准，更加重视审核软件能力等；针对医药企业，各省市也相继出台政策扶持医药行业发展，包括产业园区规划、专项资金、用地政策、缴税优惠和研发转化保障措施等，鼓励医药企业投入研发，提高自身竞争力，保障可持续发展。

4.头部企业直面挑战，自主加大研发投入

我国药企自2019年起，开始出现在美国《制药经理人》杂志（PharmExec）公布的"全球制药企业50强"榜单上。2024年我国有4家药企上榜，分别为云南白药、中国生物制药、上海医药和恒瑞医药。目前，加速创新药物研发，已经成为全球共识。我国创新药企的研发强度中位数为15%，已接近国际水平。药械企业，特别是头部企业也有意识地积极同科研机构、高等院校及其附属医院等其他创新主体进行对接和联合攻关，充分利用我国临床资源优势。总体来看，我国药企具备良好的发展潜力，今后将逐渐显现其竞争力。

三、我国医药产业发展面临的挑战

医药产业是大健康产业的基石，具有构成复杂、产业链长、技术壁垒和投入成本高、研发周期长等特点。从百姓视角出发，针对国人疾病特点研发形成精准有效、安全、及时和可负担的创新药械产品仍面临不少挑战。

1.精准性方面

基于中国人群的精准医学大型队列和数据平台建设仍处于起步阶段。不同遗传背景、不同代谢水平甚至不同饮食习惯的人群在疾病临床表型和致病靶点上都可能会存在异质性，针对欧美人群有效的药物靶点在中国人群中可能并不是最有效的。而与之冲突的现实是，我国拥有世界上最多最大的临床资源，但缺少基于中国人群精准医学大型队列与数据平台、原创诊疗标准、高级别循证医学指南和临床路径等。

2.安全性方面

原始创新能力、技术工艺及质量控制水平有待提高。我国药企在原研药物研发、仿制工艺及多中心临床研究质量的整体水平上还有较大的提升空间。

3.时效性方面

药械研发及审批周期长。一种药物特别是创新药从研发到进入临床使用周期之长众所周知。

4.可负担性方面

创新药企业研发投入大、患者用药支付压力大。

5.政策保障性方面

医药行业管理链条长、对象多、专业性强，对管理部门水平要求高。

四、我国医药产业优先发展事项

（1）集中力量建设并维护精细化大型人群队列及数据平台。长期稳定支持高质量人群队列的跟踪随访和生物样本库维护对临床策略和高级别循证指南的产出具有重要的科学意义。

（2）抓紧推动当前我国国际领先前沿技术领域发展，加快占据医药研发原始创新高地。前沿技术是医药创新研发的源头。信息技术、多模态影像技术、人工智能技术等在很大程度上推动了医药研发过程提质增效，提高了产品的对外技术壁垒，也为传统医学手段难以治疗的重大疾病诊疗带来了新的希望。

（3）推动医药研发产业化进程，促进创新产品推广应用。在研发和临床试验阶段，鼓励"产学研"结合工作模式目前已初见成效，但是不同企业的研发效率和临床试验质量，以及各层级概念验证中心的服务内涵、广度和实际起到的作用还有待考量。在审评阶段，审评制度需要进一步完善，增强同技术发展相符的评审能力及力量，加快创新药等审评流程，避免因管理迟滞错失创新产品或技术服务领先性。

（4）完善多层级医疗保障渠道，从患者实际需求出发减轻患者自费负担。

（5）增强政策保障全链条性及实施效率，有效激发医疗行业的发展动力，切实服务百姓。

五、未来一段时间我国制药工业的主要发展任务

未来一段时间我国制药工业的发展任务主要有：①推动行业向创新驱动发展转型；②加强药品供应保障能力建设；③推进企业重组整合；④夯实原料药产业基础；⑤提高医药先进制造水平；⑥实施制剂国际化战略。

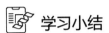 学习小结

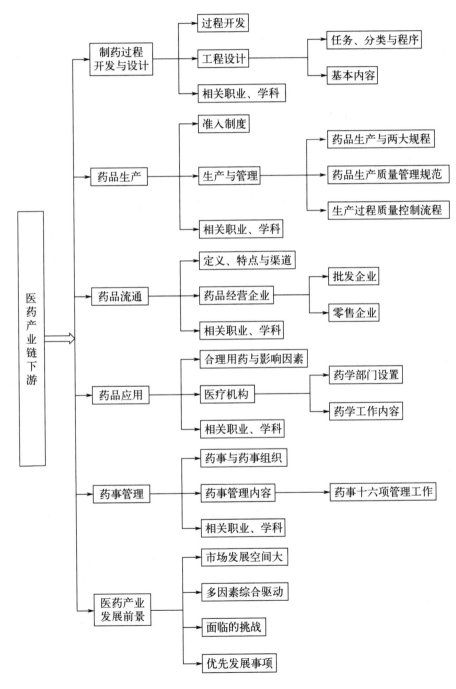

参观食品药品监督检验机构

一、参观目的

（1）了解食品药品监督检验机构的职责、资质及基本组织构架；

（2）了解药品监督检验机构的主要工作内容、场所、仪器设备，以及重要规章制度；

（3）了解药品监督检验机构所辖区域药品监督检验概况。

二、参观内容与步骤

（1）集中讲解。由食品药品监督检验机构负责人介绍机构的发展历史、基本任务、组织构架、主要成就、发展前景等。

（2）分组参观。逐一参观食品药品监督检验机构主要科室，了解它们的主要任务、分工、大致工作流程，主要设备、仪器的作用，以及重要的管理规章制度。

（3）个人撰写参观小结，并在小组会上交流心得体会。

三、参观示例

参观某市食品药品纤维监督检验中心

某市食品药品纤维质量监督检验中心（以下简称"中心"），前身为创建于1958年的市药品检验所，在几十年的发展过程中，经历了多次机构调整。现在的市食品药品纤维检验中心，是由原市食品药品监督检验中心、市粮油质量监督检测站以及纤维检验所3家事业单位组建而成。

1.职责与资质

中心主要职责是承担食品、药品、纤维及纤维制品、纺织品、粮油、医疗器械、药品包装材料、保健食品、化妆品监督检验及委托检验，棉花等纤维公证检验等工作。

中心通过了CMA检验检测机构资质认定（中国计量认证），检测涉及药品、食品、药品包装材料、医疗器械、洁净区（室）环境、化妆品、保健食品、生活饮用水、原粮、成品粮、油脂油料、粮油制品、饲料、纺织原料、纱线、纺织面料、服装、家用纺织品、特种纺织品19个领域，共计766个产品，1714个参数，3653个方法标准。

中心还通过了CNAS（中国合格评定国家认可委员会）检验能力认可，检验涉及药品169个产品，纺织品服装488个产品，8264个方法标准。

2.机构与人员

中心设有主任1名，副主任5名。内设业务管理科、抽样科、药品检验科、仪器与信息化科、质量保证科等14个科室。

中心现有在编人员81人，其中硕士研究生28人，本科学历53人，高级职称33人，中级职称34人；另有劳务派遣人员26人，其中本科学历17人，中级职称5人。在编与劳务派遣人员合计107人。

3.工作场所与设备

中心有本部和纤检分部两处办公场所。中心实验室面积20000余平方米，主要仪器设备1040余台（套），资产总值10500万元。

（1）动物实验室　有普通环境和屏障环境实验室约600m²。实验动物种类有家兔、小鼠和猫等，主要开展药品热原实验、异常毒性实验、降压实验等检验检测工作。

中心动物实验室在开展动物实验工作中始终坚持保障实验动物福利伦理，科学人道地开展动物实验。每年"4.24世界实验动物日"开展多种活动，纪念为人类科学发展献身的实验动物，宣传"减少（Reduction）、替代（Replacement）、优化（Refinement）"的"3R"原则。

（2）标本馆　收藏900多份动植物标本，规模大、成系列，非常方便中药鉴定人员学习和研究。

（3）大型精密仪器设备　中心的检验工作大多要借助大型精密仪器设备进行。目前中心主要大型仪器有：电感耦合等离子体质谱仪、电感耦合等离子体发射光谱仪、四极杆-飞行时间质谱仪、液质联用仪、气质联用仪、细菌鉴定仪等。图5-13为中心部分大型精密仪器。

电感耦合等离子体质谱仪　电感耦合等离子体发射光谱仪　　四极杆-飞行时间质谱仪

液质联用仪　　　　　气质联用仪　　　　　　细菌鉴定仪

图5-13　中心部分大型精密仪器

4.药品检验

药品检验是该中心最重要的工作之一。中心每年承担药品、化妆品安全监督检验近1600批，接受药品类委托检验1000余批。除了承担省、市的药品监督检验任务外，中心还承担了国家药品抽检工作。国家药品抽验工作担负着对药品质量做出客观评价、为药品监管提供技术数据的责任，对承检机构科研能力有着较高的要求。

中心的工作人员就像"啄木鸟"一样，用专业知识、技能和负责的态度，保护着人民群众的用药安全。抽样是药品安全检验的第一步，选样、装袋、封存，抽样员们从茫茫药品中精准发现不合格产品；编号、称量、制备样品，检验员们在仪器设备间来回穿梭，反复对比，认真核对每一个数据。因为他们知道，出具的每一份报告都反映着药品的质量，影响患者的用药安全。正是他们的检验工作为药品安全筑起了一道牢固的"防火墙"。

思考题

1.简述制药工程设计的任务。
2.简述开办药品生产企业必须具备的条件。
3.我国药品销售组织有哪几类？
4.简述"合理用药"的含义及影响合理用药的主要因素。
5.简述药事和药事管理的含义。
6.简述未来一段时间我国制药工业的主要发展任务。

扫描二维码可查看

思考题参考答案

参考文献

[1] 赵肃清，叶勇，刘艳清. 制药工程专业导论 [M]. 北京：化学工业出版社，2021.

[2] 宋航，彭代银，黄文才，等. 制药工程技术概论 [M]. 3版. 北京：化学工业出版社，2020.

[3] 朱世斌，刘红. 药品生产质量管理工程 [M]. 3版. 北京：化学工业出版社，2021.

[4] 杨世民，翁开源，周延安，等. 药事管理学 [M]. 6版. 北京：人民卫生出版社，2016.

[5] 毕开顺. 药学导论 [M]. 4版. 北京：人民卫生出版社，2022.

[6] 蒋学华. 药学概论 [M]. 北京：清华大学出版社，2013.

[7] 中国化学制药工业协会. 中国制药工业发展报告（2021）[M]. 北京：社会科学文献出版社，2021.

[8] 孔菲，曹原，徐明，等. 我国医药产业发展态势分析及展望 [J]. 中国工程科学，2023，25（5）：1-10.

（陈俊名，刘旻虹，王车礼）

第六章

制药工程师

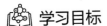

学习目标

1. **掌握**：制药工程专业的培养目标、毕业要求和专业核心课程体系。
2. **知晓**：制药工程师的职业特点、任务，及其知识、能力和素质要求。
3. **了解**：我国近代以来高等药学教育产生和发展概况，中外制药工程专业教育现状，制药工程专业的工程
   教育认证及相关研究生教育情况。

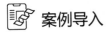

王静康院士的故事

1990年，天津大学王静康教授接受了国家"八五"重点科技攻关项目"青霉素结晶新工艺与设备在生产中的应用开发"。她给自己定下的目标是必须一次开车成功，否则耽误一天就要浪费国家几十万元。为此，她和同事们一心扑在工作上，放弃节假日休息。在项目研发的后期，由于过度劳累，王静康的甲状腺疾病复发，引发心脏房颤。为了不耽误项目研究，她把手术时间一拖再拖，直到进行土建工程和设备安装，她才住院。她说："现在住院手术，什么也不耽误。厂里盖房子、装设备，也指不上我。"但是，当实施项目产业化的工厂进行设备、仪表等调试时，术后休养的王静康还是先后7次赶到现场，检查并指导设备、仪表及管路正确安装到位。

终于，王静康和她的团队在华北制药厂一次开车成功，每吨青霉素产品净增效益两万元。该技术迅速在全国推广，应用于全国90%的青霉素产业，使我国青霉素产品占领80%以上的国际市场。他们提前两年完成了国家"八五"攻关任务。

从"九五"到"十二五"，王静康教授又领衔完成了多项国家重大科技攻关及技术推广任务。她的科研成果使我国工业结晶研发水平跻身世界前列，技术推广改写了世界结晶产业的格局。她被誉为"工业结晶之母"。

根据近年来的不完全统计，王静康教授领衔完成的基础性研究、技术创新和产业化系列成果为国家年平均新增产值12.5亿元，年平均新增利税2.6亿元。

案例问题:

1. 王静康院士攻克了青霉素生产中的什么重大难题?

2. 该技术推广后,我国青霉素产品占据国际市场多少份额?

3. 王静康院士领衔完成的系列成果每年为国家新增多少产值和利税?

扫描二维码可查看答案解析

第一节 制药工程师职业特点、任务与任职要求

制药工程是工程学的一个分支,制药工程师是工程师的一部分。工程与科学之间、工程师与科学家之间关系密切而又相互区别。科学,特别是自然科学,主要是对自然现象及其原理、规律的系统阐述和认知。工程则以有益于人类的专门技术为核心,把科学知识、规律和理论有效地应用于实际,为人类提供有用的产品或工艺,为人类创造物质财富,实现最大的利益。换言之,科学家使经过验证和系统化了的关于物质世界的知识更加丰富,工程师则运用这种知识来解决实际问题。

一、制药工程师的职业特点

制药工程师与其他专业工程师具有共同点,都是利用自然资源和社会资源,运用科学技术成果和专业技术知识,经济有效地为人类提供有用的产品或工艺,为人类创造物质财富,实现最大的利益。然而,与其他专业工程师相比较,制药工程师有着自己的明显特点,主要反映在以下三个方面。

1.知识结构与能力训练方面

制药工程师的知识结构中,除了有较扎实的数学、物理、化学和生物学基础之外,应该具有较强的药学、工程学基础理论知识及制药工程专业知识。药学、工程学基础理论知识及制药工程专业知识主要包括药物化学、药理学、药剂学、药物分析学、工程制图与CAD、电工电子学、过程仪表与自动化、化工原理、药物反应工程、药物分离工程、药物制剂工程、制药工艺学、制药车间工艺设计等。

制药工程师的能力训练则需要接受良好的化学、药学和制药工程实验的训练,具备较强的实验设计能力和动手能力。

2.社会贡献方面

土木、机械和电气工程师的社会贡献主要是研制、建造或生产器物,如桥梁、道路、房屋、车辆、机械装备、仪器仪表等;化学工程师的社会贡献主要是研制和生产化学品和材料;制药工程师的社会贡献则主要是研制和生产药品。药品生产的重要意义不仅在于为临床疾病治疗提供最有力的武器——药品,在拯救生命、维护健康和改善生活质量等方面发挥着不可替代的作用,还在于药品生产是我国国民经济的重要组成部分,医药产业被誉为"不落的太阳",推动着国民经济的发展。

3.工作任务方面

制药工程师的工作任务主要是以数学、物理、化学、生物学为基础,以药学和工程学

为主干学科，研究药品生产过程中的共同规律。尤其特殊的是，制药工程师研究的制药过程，在工程学上分属过程（流程）工业和加工（离散）工业两大范畴，即原料药生产属于过程工业范畴，制剂生产属于加工工业范畴。

原料药生产中，制药分离纯化与一般化工分离纯化相比，具有三方面的特殊性。第一，合成产物或中草药提取粗品中的药物成分含量很低；第二，药物成分的稳定性通常较差；第三，原料药的产品质量，特别是对产品中所含杂质的种类及其含量要求比有机化工产品严格得多。因此，药物分离纯化技术有其特殊性。

制药工程师通过分析工业制药过程中的难题，解决有关生产流程的组合、设备结构设计和放大、制药过程控制和优化等工程问题，从中归纳出共同的原理，特别是设计放大的共同规律，保证高效、节能、经济和安全地生产药品的同时，又能维持良好的生态环境。

二、制药工程师的任务

制药工程师的典型任务是，根据社会对药品的需求，将药学家在实验室的发现和实验药物样品，开发放大成为工业规模的制药过程，并经济、安全地运行，提供更多更好的药品，满足人们预防、诊断和治疗疾病的需要。按分工不同，制药工程师通常从事下述的工作或活动。

1.研究（research）

制药工程师的研究工作内容主要涵盖三个方面：一是药品，二是工艺，三是技术和装备。这三个方面，特别是前两项，常常紧密地联系在一起。有新药及其制备工艺研究，也有对现有药品的生产工艺进行更新改造，还有研究发明新的制药过程技术和设备，如新的反应器、新的分离技术和设备，新的制剂设备等。

2.开发（development）

开发是实验室成果走向工业生产的中间步骤。制药工程师的开发工作包括实验室开发、中间试验、工业性试验，以及模拟和放大等。开发试验的主要内容是搭建扩大的实验装置，批量进行样品制备，确认产品制备工艺及其影响因素，进行完整的过程开发。

中试的主要工作是：①掌握化学反应特性、设备特性及材料腐蚀情况，了解杂质含量及其影响因素，确定排放物料的处理和回收方法；②研究过程的传质和传热，确定检测和调控方法，完善装置设计，提高自动化水平；③提出原料、辅料、燃料、半成品和残渣等的运输条件和要求；④提出安全措施。

3.放大（scale up）

解决工程放大问题，要求制药工程师全面认识影响放大效应的因素，研究其中的规律，解决设备放大的关键问题。有时，为了解决放大问题还需要进行工业性实验。

4.设计（design）

制药工程师在研究开发的基础上，就可以进行规模化制药过程的设计。首先，根据中试或工业性试验的结果，确定产品的规格和质量、生产工艺流程、过程控制方法等，结合市场调查结果确定生产规模，在此基础上做出初步设计。此后，进行各类施工图设计。设计成果是一系列的文件图纸，包括设备制造和采购所需资料和施工说明书。

在整个药厂设计工作中，制药工程师一般都处于核心地位，他们的任务是确定：①工艺流程；②各类物质流和能量流的流量和条件；③设备选型和尺寸；④仪表控制和安全连锁系统；⑤车间平立面布置和设备布置；⑥环保及其他事项。在制药工程师决策的基础上，其他专业的工程师才能分别进行自己承担的工作，如机械工程师进行机械设计，电气和仪表工程师进行电气、仪表及自动控制系统的设计，土建工程师进行厂房和其他构筑物的设计等。

5.建设（construction）

制药工程师承担的建设任务就是按照设计要求，把厂房建造起来，把设备安装起来，建成一个完整的制药厂。

整个建厂过程需要经历规划、项目建议书、可行性研究、设计、施工建设、竣工验收、交付生产使用等阶段。其中，厂房建设、设备安装、电机和自控等分别由土木工程师、机械工程师和电气仪表工程师负责完成，制药工程师负责协调和监督检查。在竣工验收交付使用阶段，制药工程师要负责调整、试运转，直至交付生产使用。总之，无论是设计还是建设，制药工程师作为工艺负责人，责任重大，要组织完成制药厂的建设任务。

6.制造（manufacturing）

药厂建成投入生产之后，制药工程师的主要任务是按计划维持正常、安全、有效的生产，同时还要不断对生产操作进行改进，包括节能降耗、降低成本等。此外，对现有生产工艺或装置进行技术改造。

7.销售和技术服务（sales and technical service）

在市场经济条件下，销售药品、为客户提供技术服务，是制药工程师的重要任务之一。市场需求是企业生产药品的出发点和落脚点。制药工程师必须学会开拓市场：一是开展市场调查和预测，对市场需求要做到"心中有数"；二是开展药品销售和推广工作，要进行周到的技术服务，最大程度地实现药品的价值。

8.经营管理（management and administration）

制药工程师的另一项重要任务是经营管理。药企生产销售药品，其运行过程是一个由研究开发、工程化、生产、销售等环节构成的连续动态过程，伴有大量资源的投入。要想使有限的资源投入获得最大的产出，就必须合理配置资源，强化对各个环节的管理，从计划、组织、协调、控制和监督等方面付出努力，才能取得更大的效益。

实际上，制药工程师很少只单纯从事技术工作。通常是要熟知制药工程技术，进而掌握经营管理知识，成为企业经理人，是企业难得的人才。

9.教育（education）

既有坚实的理论基础、专业知识，又有丰富实践经验的制药工程师是大学、高职、中专和成人继续教育等教育机构中制药工程及相关专业教师队伍的组成部分。

10.咨询顾问（consultant）

既有理论和专业知识，又有实践经历的制药工程师对企业的生产经营和技术创新可以提出指导意见和咨询建议，并能对制药项目进行正确的可行性研究和技术经济评价。

最后要说明的是，制药工程师的工作领域非常宽阔，不局限于医药产业链的某个环节，也不局限于化学制药、生物制药、中药制药和药物制剂四大领域。制药工程师在生物化工、精细化工、食品、化妆品、农药等领域也可大显身手。

三、制药工程师的知识、能力和素质要求

面对社会的不断进步、学科的持续发展和医药产业对人才的更高要求，制药工程师必须具备与之适应的知识结构、能力结构和素质结构。

1.制药工程师的知识结构

扎实的基础和宽阔的视野，是制药工程师应具备的基础条件。作为制药工程师必须掌握自然科学基础知识、制药工程专业知识及相关工程基础知识，以及人文和社会科学知识。

（1）自然科学基础知识　数学、物理学、化学和生物学是最重要的自然科学基础知识，也是制药工程师的基础知识，必须十分重视。

（2）制药工程专业知识及相关工程基础知识　制药工程专业知识主要有：药物化学、药物分析学、药剂学、药理学、药物合成反应、化工原理、制药反应工程、制药分离过程、药物制剂工程、制药工艺学、制药技术经济、制药过程安全与环保，制药仪表与自动化、药品生产质量管理工程和制药工程设计等。

其他相关工程基础知识包括：机械制图与CAD、工程力学、金属工艺学、电工电子学、计算机与程序设计等。

（3）人文和社会科学知识　随着现代社会的不断发展，工程的概念也发生了变化。工程与社会的关系日趋密切，工程师所面临的已不再是单纯的工程技术问题。现代制药工程技术人才应具备一定的政治、经济、环境、生态、管理和法律等方面的知识，还要学习一些历史、文学、艺术等方面的知识。

2.制药工程师的能力结构

所谓能力，通常指完成一定任务或一定作为的本领及技巧。制药工程师应具备主动获取知识的能力、发现和解决问题的能力、创新能力，以及组织协调能力等。

（1）主动获取知识的能力　科学知识的发展和更新很快，学校教育不可能一劳永逸。现代教育的发展趋势正在由传统的知识和技能的传授，转向能力和素质的培养，教育也从阶段教育发展成为终身教育。因此，主动获取知识的能力很重要。

获取知识的能力包括阅读能力、听讲能力、理解能力和记忆能力等，这些能力都很重要，但这里的关键是"主动"，即主动地、能动地获取知识。另外，主动地获取知识，也意味着对知识和有用信息的分辨能力和迅速反应能力。

需要注意的是，人类在长期社会发展实践中积累的知识，特别是一些基本规律、基础知识，是人类的共同财富，绝大部分不会很快过时，其发展也是在原有基础上的发展。

（2）发现和解决问题的能力　工程师的目的和任务是运用已有的知识发现和解决问题。

提出问题或发现问题，往往意味着解决问题的希望所在。爱因斯坦指出："提出一个问题往往比解决一个问题更重要。"巴甫洛夫也说过："问号，是开启任何一门科学的钥匙。"当然，发现问题需要知识与经验的积累，需要认真观察分析。

解决问题需要缜密的思考，需要拥有深入系统的知识，还需要多样性的思维方式。多样性的思维方式一般包括相似联想思维、发散思维、逆向思维、侧向思维等。善于运用多种方法是解决问题的经常性途径。借助法、归纳法、演绎法则是其中常用的方法。

（3）创新能力　创新是科学技术和社会经济发展的原动力。工程师不能墨守成规，必须具有较强的创新能力，有所发明、有所创造。创新能力又可细分为创新性思维能力、好奇心、想象力，以及创新实践能力等。

（4）组织协调能力　现代工业和工程是集体劳动，工程师不可能闭门单干，创新实践活动绝非单打独斗的个人行为。制药工程师必须具备集体主义情感、组织协调能力和团队精神。组织协调能力包括表达交流、人际关系、团结协作、指挥协调等能力。

3.制药工程师的素质结构

素质是一个人的思想修养、道德水平、价值观念、文化素养、性格特征乃至待人处事的综合体现。素质涵盖思想素质、职业素质、文化素质、生理心理素质等。

（1）思想素质　凡是成就突出的科学家、工程师都有着远大的志向和坚定的信念。爱迪生说："我的人生哲学就是工作，我要解开大自然的奥秘，并以此为人类造福。在短短的一生中，我不知道还有什么比这种服务更伟大的了。"

一个合格的工程师，必然是一位具有崇高爱国情操的爱国者。牢固树立爱国主义思想，是各类人才坚定不移、百折不挠地为祖国、为人民贡献智慧和力量的重要思想基础。

（2）职业素质　职业素质一般包括事业心、责任感、自信心、诚信和集体情感等内容，它们共同构成职业素质的雄伟殿堂。事业心表现为对自己的工作和创新活动充满痴情和热爱；责任感是对他人、集体和社会所承担的道德责任的情感；自信心使工程师努力工作，而且对成功充满希望；诚信是和谐社会发展的道德基础，是个人与社会、个人与个人之间相互关系的基础性道德规范。形成良好的职业素质，自觉遵守职业道德规范，进行道德自律，是一名合格工程师必须具备的基本素质。

（3）文化素质　一个工程师，具有良好的文化素质是不可或缺的。除了要掌握工程科学、熟悉经济管理科学以外，工程师需要了解一点文学，了解一点音乐，了解一点艺术，兴趣要广泛一点，但并不是要样样精通。文化素质对陶冶工程师的情操是很有帮助的。居里夫人指出："科学的探索研究本身就含有至美。"文化素质和美感可以使人们情绪稳定而又愉快，可以激发人们向往美的境界，也有助于人们提高鉴赏力，激发求知欲和好奇心。

（4）生理心理素质　工程师还要具有良好的生理心理素质。情绪状态是人们的生理心理素质的重要组成部分。积极性的情绪和情感会带来积极的行为结果，消极性的情绪和情感则有碍于行为目的的实现。

胆识也是人们的生理心理素质的组成部分。胆识其实就是敢于坚持真理。当工作处于条件不利的情况时，胆识就显得尤为重要。敢于坚持真理的性格，能促进人们排除万难，执着地实现自己的目标。同样，自我批评的性格品质能够促进人们思维的批判性和精确性，使人们头脑清醒，正确地评价自己，激发永不满足的创新欲望与上进心。

第二节　制药工程师培养

培养和造就一支高质量的制药工程师队伍，离不开高水平的制药工程专业教育。本节首先简要回顾一下我国近代高等药学教育的产生和发展历程；接下来介绍国内外制药工程专业教育现状；最后介绍有关制药工程专业认证和研究生教育方面的情况。

一、我国近代以来高等药学教育

1.清末、民国时期

1840年以后，西方传教士来华设立医院和医学校，以及编译药学书籍、派遣留学生等，使得西方药学传入中国，中国近代药学教育由此萌芽。

1908年，陆军军医学堂（前身为成立于1902年的北洋医学堂，1906年更名陆军军医学堂）创办药科，突破了我国几千年来传统中药的"师承制"教育模式，开创了我国近代高等药学教育。

自1908年首次创办药科教育起，直至新中国成立前的40多年间，我国的药科校系数量仅有20余所，办学形式有国立、省立和私立等，修业年限2～5年不等；既无明确的专业设置、培养目标和培养要求，又无统一的教学计划、教学大纲和本国教科书；师资缺乏，设备简陋，办学条件差，规模很小。据1949年统计，20余所药学校系培养的药师累计不到2000人。

2.新中国成立至改革开放前

新中国成立之初，我国药学教育基本上承袭欧美模式，未细分专业。

1952年，实行分专业培养。同年8月，开始对全国11个药学院系（科）进行调整，华东药学专科学校、齐鲁大学药学系、东吴大学药学专修科合并组建华东药学院，将中国医科大学药学院独立建院，恢复校名为东北药学院。

1953年，开始学习苏联经验，药学教育统一为1个药学专业。

1955年，全国医药院校二次调整，形成"两院三系"格局（即南京药学院、沈阳药学院、北京医学院药学系、上海第一医学院药学系和四川医学院药学系）。调整后，药学教育资源得到合理配置，办学效益明显提高。

1959年以后，一些中医学院相继设立中药专业。

1977年，恢复高考，药学教育步入正轨。

3.改革开放以来

中国共产党十一届三中全会后，我国高等药学教育进入了一个新的发展时期。1987～1998年间，国家三次调整专业设置：

1987年，国家颁布《普通高等学校本科专业目录》，药学类专业有11个，试办专业3个；

1993年，国家颁发新的专业目录，有关药学的专业有16个；

1998年，针对高等学校长期存在的专业划分过细、专业范围过窄的状况，1998版本科专业目录将原来与药学有关的16个专业调整为4个：药学、中药学、药物制剂和制药工程。4个专业中，前三个专业同属药学类，可授医学学士学位，详见表6-1；此后，全国医药院校、综合性大学，理工、农林、商业、师范等本科院校纷纷开设药学类专业。

□ 表6-1　普通高等学校本科专业目录（1998版）中的与药学有关专业一览表

专业代码	专业类别	专业名称	备注
100801	药学类	药学	可授医学或理学学士学位

专业代码	专业类别	专业名称	备注
100802	药学类	中药学	可授医学或理学学士学位
100803	药学类	药物制剂	可授医学或工学学士学位
081102	化工与制药类	制药工程	授工学学士学位

进入21世纪，我国高等药学教育发展步入"快车道"。药学类院校结合经济发展需要，积极论证筹建新专业。

2012年，教育部颁布了《普通高等学校本科专业目录（2012版）》，该版目录在1998版基础上，将原药学类拆分为药学类和中药学类两个专业类；新的药学类增加了临床药学、药事管理、药物分析、药物化学和海洋药学5个特设专业，其中临床药学为国家控制布点专业；新的中药学类专业，增加了一个基本专业中药资源与开发，新增藏药学、蒙药学、中药制药、中草药栽培与鉴定4个特设专业。此外，在生物工程类中，新增一个特设专业生物制药。这样，目录中药学相关专业增至15个。

2020年，教育部颁布了《普通高等学校本科专业目录（2020版）》，该版目录在药学类专业中，较2012版增加了一个特设专业化妆品科学与技术。此后几年，目录中药学大类的专业设置没有变化，详见表6-2所示的《普通高等学校本科专业目录（2024版）》中的药学大类专业。

从表6-2可以看出，在药学大类的16个专业中，5个为基本专业，其中只有制药工程专业可授工学学士学位（新版目录中药物制剂专业只授理学学士学位）；11个特设专业中，生物制药和中药制药可授工学学士学位。

⊡ 表6-2　《普通高等学校本科专业目录（2024版）》中的药学大类专业一览表

专业代码	专业类别	专业名称	学位授予门类
100701	药学类	药学	理学
100702	药学类	药物制剂	理学
100703TK	药学类	临床药学	理学
100704T	药学类	药事管理	理学
100705T	药学类	药物分析	理学
100706T	药学类	药物化学	理学
100707T	药学类	海洋药学	理学
100708T	药学类	化妆品科学与技术	理学
100801	中药学类	中药学	理学
100802	中药学类	中药资源与开发	理学
100803T	中药学类	藏药学	理学
100804T	中药学类	蒙药学	理学
100805T	中药学类	中药制药	工学或理学
100806T	中药学类	中草药栽培与鉴定	理学
081302	化工与制药类	制药工程	工学
083002T	生物工程类	生物制药	工学

二、中外制药工程专业教育

1.国内制药工程专业教育

前已述及，1998年制药工程专业正式列入教育部本科专业目录。据原国家教委教高〔1996〕14号文件，《工科本科专业目录的研究和修订》课题组对当时的工科本科专业进行了较大调整，有近一半的工科专业被合并或撤销，同时也新设了一些与科学技术和社会经济发展密切相关的专业，制药工程专业就是其中之一。原来专业很多的化工大类，更名为化工与制药类，仅设置化学工程与工艺、制药工程两个专业。

尽管制药工程专业在名称上是新的，但实际上从学科发展来看它是化学制药及微生物制药等相关专业的延续，也是我国社会经济和科学技术发展到一定阶段的必然产物。

新设的制药工程专业是一个宽口径专业，它涉及化学制药过程、中药制药过程、生物制药过程和药物制剂过程。

教育部当时在制订新的工科本科专业目录的文件中指出，药品是人类战胜疾病、维护健康的特殊商品。它的研制、生产和流通过程虽然与有机化学及化工过程密切相关，但更有其特殊性，不宜将它简单地归到化学工程问题来考虑。而在此之前，我国制药类专业人才培养主要是药学类和中药学类专业，已不能满足我国制药工业的发展需要。因此，当时设立制药工程专业十分必要。

1999年，制药工程专业在全国开始招生时，共有34所高等院校设置制药工程专业，其中医药类院校13所，理工类院校12所，综合性大学9所，招生人数为1165人。

近年来，制药行业作为以高新技术为依托的朝阳产业发展迅猛，制药专业人才需求激增，推动着我国制药工程专业教育的发展。据统计，目前我国开办本科制药工程专业的高等院校达到280余所，每年招生人数约为12000人。

制药工程专业办学规模发展这么快，说明该专业人才需求量很大，该专业毕业生为社会所认可，为我们办好制药工程专业创造了良好的条件。但是，必须清醒地认识到，由于药品是一种特殊的商品，制药企业的建立和扩大会受到严格的审核和更高标准的要求，不可能无限制扩张；同时制药行业属于高新技术产业，对人才的素质和能力的要求相对较高。因此，提高专业人才培养质量，凝练专业办学特色是办好制药工程专业的核心问题。

2.国外制药工程专业教育

国外制药工程专业教育也是随着医药工业的发展而出现和发展的。美国的制药工程专业本科教育始于20世纪90年代。1998年，美国加州州立大学Fullerton分校（The California State University，Fullerton）设立制药工程本科教育计划。南佛罗里达大学（The University of South Florida）、阿拉巴马大学（The University of Alabama System）、普渡大学（Purdue University）、佐治亚大学Athens分校（The University of Georgia，Athens）、伊利诺伊理工大学（Illinois Institute of Technology）等已把制药工程作为课程纳入其教学计划。

此外，加拿大的蒙特利尔大学工学院（école Polytechnique de Montréal），英国的曼彻斯特大学（The University of Manchester）、利兹大学（The University of Leeds），德国的柏林高等技术专科学校（Technische Fachhochschule Berlin），日本的静冈大学（University of Shizuoka），印度的贾达普大学（India Jadavpur University）等高校也设立了制药工程教学计划。

国外高校制药工程本科教育目标很明确，要求学生具有广泛而扎实的制药工程基础。学生要学习不同药物剂型的制造工艺、工业发酵、灭菌和无菌技术、GMP，以及质量确认与控制等知识和技能。

加州州立大学Fullerton分校的制药工程专业的课程体系比较完善，设立了由制药工程导论、药物剂型和给药系统、制药及其公用工程的项目管理、制药公用工程系统及其安全与环境、制药工程实验、设计方案6门课程组成的课程体系。除了理论课教学外，该校还特别重视培养学生的实际工作能力，本科阶段教学就与药品生产相结合。

三、制药工程专业的工程教育认证

1.工程教育认证与《华盛顿协议》

工程教育是高等教育的重要组成部分。早在2014年，教育部发布的《中国工程教育质量报告》中提到，截至2013年年底，我国本科工科专业布点数达到15733个，总规模位居世界第一。稳步提高和保障我国的工程教育质量非常重要。

工程教育认证是国际通行的工程教育质量保障制度，也是实现工程教育国际互认、工程师资格国际互认的重要基础。工程教育认证的核心就是要确认工科专业毕业生达到行业认可的既定质量标准要求，是一种以培养目标和毕业要求为导向的合规性评价。工程教育认证要求专业课程体系设置、师资队伍配备、办学条件配置等都要围绕达成学生毕业要求这一核心任务展开，并强调建立专业持续改进机制和文化，以保证专业教育质量和专业教育活力。

1989年签订的《华盛顿协议》，是国际上最具影响力的工程教育学位互认协议之一。其宗旨是通过多边认可工程教育认证结果，实现工程学位互认，促进工程技术人员的国际流动。

2013年，我国成为《华盛顿协议》的预备成员。2016年6月2日上午，在马来西亚吉隆坡举行的国际工程联盟大会上，经过《华盛顿协议》组织的闭门会议，全体正式成员集体表决，全票通过了中国的转正申请，至此我国成为《华盛顿协议》第18个正式成员。之后，我国全面参与《华盛顿协议》各项规则的制定，我国工程教育认证的结果得到其他成员的认可。正式加入《华盛顿协议》，标志着我国高等教育对外开放向前迈出了一大步，我国工程教育质量标准实现了国际实质等效，工程教育质量保障体系得到了国际认可。

经过30余年的发展，目前《华盛顿协议》成员遍及五大洲，有中国、美国、英国、加拿大、爱尔兰、澳大利亚、新西兰、南非、日本、新加坡、马来西亚、土耳其、俄罗斯、印度、斯里兰卡等18个正式成员。通过认证的专业毕业生在相关国家申请工程师执业资格时，将享有与本国毕业生同等的待遇。

2.工程教育认证的理念

工程教育认证的核心理念有三条：①以学生发展为中心（students-centered）的教育理念；②以"产出导向为原则"的教育体系（outcome-based Education，OBE）；③持续改进（continual improvement）的质量观。

3.我国制药工程专业认证情况

我国制药工程专业的工程教育认证由中国工程教育专业认证协会化工与制药类专业分委员会负责。截至2018年年底，全国已有20多所办学实力强、人才培养质量符合工程教育认证标准的制药工程专业通过了工程教育认证，这对推动我国制药工程专业人才培养质量的提升起到了积极的作用。表6-3为2019年6月教育部高等教育司发布的最早通过工程教育认证的23所高校制药工程本科专业名单。目前，全国有46所高校制药工程专业通过工程教育认证。

☐ 表6-3 最早通过工程教育认证的23所高校制药工程本科专业

序号	学校名称	专业名称	有效期开始时间	有效期截止时间	
1	华东理工大学	制药工程	2013 年 1 月	2024 年 12 月	有条件
2	合肥工业大学	制药工程	2013 年 1 月	2024 年 12 月	有条件
3	大连理工大学	制药工程	2014 年 1 月	2028 年 12 月	
4	常州大学	制药工程	2015 年 1 月	2029 年 12 月	有条件
5	昆明理工大学	制药工程	2015 年 1 月	2023 年 12 月	有条件
6	北京化工大学	制药工程	2016 年 1 月	2024 年 12 月	有条件
7	南京工业大学	制药工程	2016 年 1 月	2024 年 12 月	有条件
8	浙江工业大学	制药工程	2016 年 1 月	2024 年 12 月	有条件
9	四川大学	制药工程	2016 年 1 月	2024 年 12 月	有条件
10	上海工程技术大学	制药工程	2017 年 1 月	2025 年 12 月	
11	福建农林大学	制药工程	2017 年 1 月	2025 年 12 月	
12	郑州大学	制药工程	2017 年 1 月	2025 年 12 月	
13	河北科技大学	制药工程	2018 年 1 月	2029 年 12 月	有条件
14	吉林化工学院	制药工程	2018 年 1 月	2029 年 12 月	有条件
15	江苏大学	制药工程	2018 年 1 月	2029 年 12 月	有条件
16	武汉工程大学	制药工程	2018 年 1 月	2029 年 12 月	有条件
17	广东工业大学	制药工程	2018 年 1 月	2029 年 12 月	有条件
18	天津大学	制药工程	2019 年 1 月	2024 年 12 月	有条件
19	沈阳化工大学	制药工程	2019 年 1 月	2024 年 12 月	有条件
20	中国药科大学	制药工程	2019 年 1 月	2024 年 12 月	有条件
21	青岛科技大学	制药工程	2019 年 1 月	2024 年 12 月	有条件
22	湘潭大学	制药工程	2019 年 1 月	2024 年 12 月	有条件
23	中南大学	制药工程	2019 年 1 月	2024 年 12 月	有条件

四、制药工程专业研究生教育

制药工程专业的主要相关学科有药学、化学、生物学和化学工程与技术等。制药工程专业的同学可根据自己的基础和兴趣，报考相关一级学科和专业类别的研究生。下面按学术型研究生和专业学位研究生分别介绍。

1.学术型研究生

学术型研究生重在研究。报考学术型研究生的同学可以优先考虑报考化学工程与技术一级学科，很多高校的化学工程与技术一级学科下均设有制药工程或相关的二级学科；不少高校的生物工程或生物医学工程一级学科下，设有生物制药二级学科或相关研究方向，也是不错的选择；喜爱理论研究的同学，还可以选择报考药学、化学等一级学科下的相关二级学科或研究方向，参见表6-4。

□ 表6-4 可报考的学术型研究生相关一级学科与二级学科

学科门类		一级学科		二级学科
代码	名称	代码	名称	
07	理学	0703	化学	有机化学等
		0710	生物学	生物化学、分子生物学等
08	工学	0817	化学工程与技术	制药工程、生物化工等
		0831	生物医学工程	生物医学材料等
		0836	生物工程	生物制药等
10	医学	1007	药学	药物化学、药剂学等，可授医学、理学学位
		1008	中药学	不设二级学科，可授医学、理学学位

2.专业学位研究生

专业学位研究生重在应用。报考专业学位研究生可以优先考虑报考生物与医药类别的研究生，该类别下的一个专业领域就是制药工程；很多高校的药学专业类别下设有工业药学、管理药学等，也是不错的选择；当然，还可从材料与化工、中药等专业类别中挑选自己心仪的领域或方向。参见表6-5。

□ 表6-5 可报考的专业学位研究生相关专业类别与研究领域

学科门类		专业类别		研究领域
代码	名称	代码	名称	
08	工学	0856	材料与化工	医药化工、医用材料等
		0860	生物与医药	制药工程，生物技术与工程、食品工程等
10	医学	1055	药学	工业药学、管理药学等
		1056	中药*	中药材加工、中药炮制等（*仅可授硕士专业学位）

第三节 培养制药工程师的课程体系

上一节主要从宏观层面介绍了中外制药工程师的培养情况，本节则从微观层面讨论培养制药工程师的课程体系，亦即制药工程专业课程体系。由于课程体系是依据培养目标和毕业要求构建，所以在讨论课程体系之前，要先谈谈培养目标和毕业要求。

需要说明的是，我国制药工程专业办学点很多，接近300家。各家的办学定位、专业基础、学科特色和外部条件等或多或少有一定的差别，因而其培养目标、毕业要求及相应的课程体系也会有所不同。这很正常，而且特色办学应该受到鼓励和欢迎。下文有关培养目标、毕业要求和课程体系方面的介绍，主要依据两个文件：一是2018年教育部颁布的《化工与制药类教学质量国家标准（制药工程专业）》[以下简称《国家标准（2018）》]，二是2024年中国工程教育专业认证协会发布的《工程教育认证标准》[以下简称《认证标准（2024）》]。

一、培养目标

《国家标准（2018）》对制药工程专业培养目标的描述是：培养掌握本专业及相关学科的基本理论和专业知识，具有良好的创新意识、创业精神和职业道德，具备分析、解决复杂工程问题的能力及创新创业能力，能够在制药及相关领域从事科学研究、技术开发、工艺与工程设计、生产组织、管理与服务等工作的高素质专门人才。

二、毕业要求

《认证标准（2024）》规定：专业应有明确、公开、可衡量的毕业要求，毕业要求应支撑培养目标的达成。专业制定的毕业要求应完全覆盖以下内容。

（1）工程知识　能够将数学、自然科学、工程基础和专业知识用于解决复杂工程问题。

（2）问题分析　能够应用数学、自然科学和工程科学的基本原理，识别、表达并通过文献研究分析复杂工程问题，以获得有效结论。

（3）设计/开发解决方案　能够设计针对复杂工程问题的解决方案，设计满足特定需求的系统、单元（部件）或工艺流程，并能够在设计环节中体现创新意识，考虑社会、健康、安全、法律、文化以及环境等因素。

（4）研究　能够基于科学原理并采用科学方法对复杂工程问题进行研究，包括设计实验、分析与解释数据，并通过信息综合得到合理有效的结论。

（5）使用现代工具　能够针对复杂工程问题，开发、选择与使用恰当的技术、资源、现代工程工具和信息技术工具，包括对复杂工程问题的预测与模拟，并能够理解其局限性。

（6）工程与社会　能够基于工程相关背景知识进行合理分析，评价专业工程实践和复杂工程问题解决方案对社会、健康、安全、法律以及文化的影响，并理解应承担的责任。

（7）环境和可持续发展　能够理解和评价针对复杂工程问题的工程实践对环境、社会可持续发展的影响。

（8）职业规范　具有人文社会科学素养、社会责任感，能够在工程实践中理解并遵守工程职业道德和规范，履行责任。

（9）个人和团队　能够在多学科背景下的团队中承担个体、团队成员以及负责人的角色。

（10）沟通　能够就复杂工程问题与业界同行及社会公众进行有效沟通和交流，包括撰写报告和设计文稿、陈述发言、清晰表达或回应指令。并具备一定的国际视野，能够在跨文化背景下进行沟通和交流。

（11）项目管理　理解并掌握工程管理原理与经济决策方法，并能在多学科环境中应用。

（12）终身学习　具有自主学习和终身学习的意识，有不断学习和适应发展的能力。

三、课程体系

1.课程设置标准

《认证标准（2024）》对工程教育专业的课程设置有明确的标准，标准包含通用标准和专业补充标准两部分。

（1）通用标准　通用标准要求，课程设置应支持毕业要求的达成。课程体系应包括：

① 与本专业毕业要求相适应的数学与自然科学类课程（至少占总学分的15%）。

② 符合本专业毕业要求的工程基础类课程、专业基础类课程与专业类课程（至少占总学分的30%）。工程基础类课程和专业基础类课程能体现数学和自然科学在本专业应用能力的培养，专业类课程能体现系统设计和实现能力的培养。

③ 工程实践与毕业设计（论文）（至少占总学分的20%）。设置完善的实践教学体系，并与企业合作，开展实习、实训，培养学生的实践能力和创新能力。毕业设计（论文）选题应结合本专业的工程实际问题，培养学生的工程意识、协作精神以及综合应用所学知识解决实际问题的能力。对毕业设计（论文）的指导和考核有企业或行业专家参与。

④ 人文社会科学类通识教育课程（至少占总学分的15%），使学生在从事工程设计时能够考虑经济、环境、法律、伦理等各种制约因素。

（2）专业补充标准　化工与制药类专业补充标准，要求课程设置应满足：

① 学生在毕业时能运用数学（含高等数学、线性代数等）、自然科学（含化学、物理、生物等）、工程科学原理（含信息、机械、控制）和实验手段，表达和分析化学、物理和生物过程中的复杂工程问题。

② 学生能研究、模拟和设计化学、物理和生物过程，具有系统优化的知识和能力。

③ 学生能理解和分析在化学、物理和生物过程中存在的健康安全环境（HSE）风险和危害，了解现代企业健康安全环境（HSE）管理体系。

2.专业的课程体系

依据上述标准要求，制药工程专业课程体系一般应包含下列课程。

（1）数学与自然科学类课程　高等数学、线性代数、大学物理、无机化学、分析化学、物理化学、有机化学、生物化学、微生物学、计算机与程序设计。

（2）工程基础类课程　工程制图与CAD、电工电子学、仪表与自动化、机械设备基础。

（3）专业基础类课程与专业类课程　药物化学、药剂学、药学、药物分析、化工原理、制药设备与车间设计、制药工艺学、制药过程安全与环保、药品生产质量管理工程、创新创业导论。

（4）工程实践与毕业设计（论文）类课程

① 实验课程（物理类、化学类、生物类、药学类、工程类基础课程和专业课程均包含一定数量的实验，或设置相对独立的实验课程）。

② 课程设计（化工原理课程设计、制药工程课程设计等）。

③ 实习（金工实习、认识实习、生产实习等）。

④ 毕业设计（论文）。

⑤ 其他（研究设计性实验、创新创业实践与社会实践等）。

（5）人文社会科学类通识教育课程

① 人文社科类（思想道德与法治、马克思主义基本原理、毛泽东思想和中国特色社会主义理论体系概论、习近平新时代中国特色社会主义思想概论、中国近现代史纲要、形势与政策、国家安全教育、劳动教育、军事理论、大学生心理健康教育等）。

② 外语（英语、日语等）。

③ 体育。

④ 艺术。

需要指出的是，各高校可依据《认证标准（2024）》，结合自身的办学定位、学科特色和人才培养目标，制订出具有自己特色的专业课程体系。上述课程名称、教学内容深浅、课程整合等应由各高校根据实际情况，自行决定。

3.专业的核心课程

《国家标准（2018）》给出的制药工程专业的核心课程建议为下列12门课程（括号内数字为建议学时数）：

有机化学（80）、物理化学（64）、生物化学（32）、药物化学（48）、药剂学（32）、药物分析（32）、化工原理（80）、制药工艺学（32）、制药设备与车间设计（48）、制药过程安全与环保（24）、药品生产质量管理工程（24）、创新创业导论（24）。

上述核心课程中，化学、生物学类3门，药学类3门，工程类5门，综合类1门。该建议的补充说明专门指出，核心课程的名称、学分、学时和教学要求及开课顺序等由各高校自主确定，标准不做硬性要求。

第四节　怎样成为制药工程师？

制药工程师是从事医药产品的生产、科技开发、应用研究和经营管理等方面的工程技术人才。制药工程师需要具备药学、生物医学、制药或化学等相关专业的学历背景，并且有相关实践经验。怎样才能达成前述毕业要求、成为制药工程师？本节先谈谈大学学习的特点，然后提供几点专业学习建议。

一、大学学习的特点

大学学习的特点是由高等教育的性质决定的，它不同于中学学习，主要体现在以下几点。

（1）学习的高阶性　高等教育培养的是高级专门人才。具体到制药工程专业，培养的是制药工程师、工业药学家。高阶性表现在课程门数多，内容繁，难度大，进度快。

（2）学习的独立性　在中学里，几乎完全依靠老师的安排。而在大学，主要依靠学生自主学习，学生自己管理自己。

（3）学习的实践性　大学中实践性的课程占有很大的比例，这是学习专业课所必需的，不能忽视。

（4）学习的创造性　在学习中，要发展创新精神，不只是学习现成的知识，要开动脑筋。科学越昌明发达，越需要有创新精神的人去完成各项任务。

（5）学习途径的多样性　课堂学习虽然还是大学生学习的主要途径，但还有其他多种学习途径，比如去图书馆查阅资料，听各种学术报告，自己组织学习小组等。

二、制药工程专业学习建议

1.循序渐进，打好基础

大学学习阶段的主要任务是打好基础。基础的东西具有相对稳定的特点，许多基础知识可以终身受用。然而循序渐进，才能把基础打牢。

制药工程专业的大学生在校期间要学习几十门课程，这些课程不仅开课时间有先后，而且内容上也有复杂的逻辑关系，必须循序渐进，稳扎稳打。比如，药厂车间设计是制药工程专业综合性最强的一门课。要学好这门课，就应该先学好制药工艺学、制药工程原理和设备、制药过程安全与环保、药品生产质量管理等专业课程；要学好其中制药工艺学这门专业课，必须先学好药物化学、药物分析和药剂学等药学课程及其他专业基础课和工程基础课；而要学好药学类专业基础课，又必须先学好化学和生物学等自然科学基础课。

图6-1为某校制药工程专业课程体系中专业课、专业基础课与工程基础课、数学与自然科学基础课四类课程（以下简称为理工四类课程）的逻辑思维导图。该图比较清晰地给出了这些课程之间的逻辑关系。为了简明起见，该图没有包含本专业课程体系中的实验与工程实践类课程、人文社会科学通识类课程，这两类课程留待后文介绍。

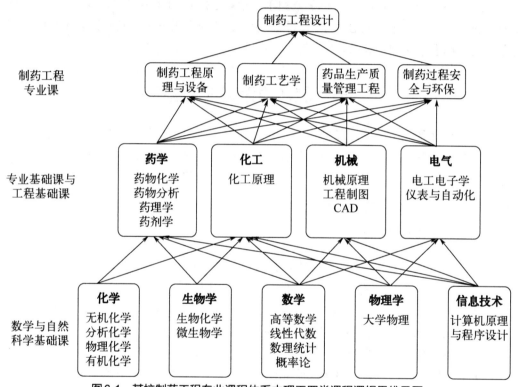

图6-1　某校制药工程专业课程体系中理工四类课程逻辑思维导图

从图6-1可以清楚地看出数学、化学、物理、生物、信息技术等基础课程的重要性。从时间安排上来看，数学与自然科学基础课一般在大一、大二开设，而专业基础课和专业课多数情况下在大三、大四开设。弄清各门课程之间的内在关系，有助于学生们学深学透，这也是各门课程开设的初衷之一。

另外需要说明的是，制药工程学科是一门新型交叉学科，涉及的学科多，知识更新快。制药工程专业一般是按学科体系进行教学，学生获得的知识主要是各学科的知识，这样的知识不能完全符合实际工作的需要。同学们在学习过程中，要学会把各学科的知识，在熟悉、理解的基础上进行重新组合，形成自己的知识体系。只有这样，需要时才能在脑海中找到。

2.注重实践，培养能力

知识是发展能力的基础，能力有助于更好地掌握知识。二者既有区别，又有联系。有了合理的知识结构，就有了发展各种能力的良好基础。但是，有了知识并不等于就有了能力。同学们在学习和建立自己的知识结构过程中，应着力培养自己的各方面能力。实践是培养能力的重要环节。

制药工程学科本身就是一门实践性很强的学科。制药工程专业的人才培养方案，设置了各类实验、实习和设计等实践教学环节，以培养学生科学思维、专业技能和独立工作能力。

图6-2给出了某校制药工程专业培养方案中与理工四类课程对应的实践课程体系的逻辑思维导图。可以看出，化学、物理、生物、信息技术和电工电子学等学科或课程都安排有实验；化工原理课不仅有实验，还有课程设计；机械类课程安排有金工实习；制药工程专业课不仅有实验，还安排了三次设计和三次实习。

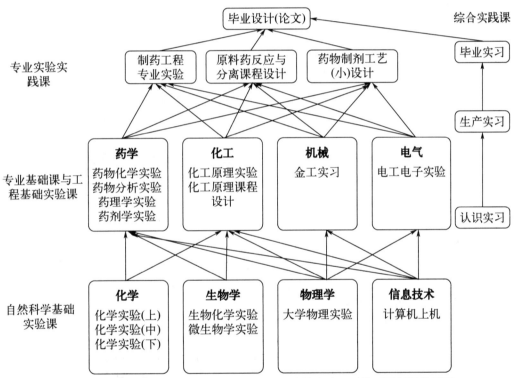

图6-2　某校制药工程专业与理工四类课程对应的实践课程体系逻辑思维导图

除了上述理工类实践课程，培养方案中还有一些人文社会科学类的实践环节。表6-6给出了某校制药工程专业人文社科类实践环节。表6-6中的实践环节，有的安排在课内，有的安排在课外；有的有学分，有的无学分。但是，所有这些实践环节都在为培养合格的制药工程专业毕业生发挥重要的作用。

表6-6　某校制药工程专业人文社科类实践环节一览表

序号	实践环节名称	开设学期	学分
1	军训	1	2.0
2	大学英语（日语）实践课	1～4	1.5
3	创新创业实践	3	1.0
4	思想政治理论教育实践	1～5	2.0
5	心理健康教育	1	0.5
6	第二课堂实践（课外）	1～8	1.0
7	劳动教育实践（课外）	1～8	—
8	课外体育锻炼（课外）	1～6	—
9	体育健康标准辅导测试（课外）	5～8	—
10	暑期社会实践（课外）	2/4/6	—
11	人文之光讲座（课外，5次）	1～8	—

3.专博结合，全面发展

专博结合是做学问的一条重要原则。同学们构建知识结构，不仅要在自己的专业范围内学得专而精，还要有广博的知识面。

国家工程教育认证通用标准明确规定，专业的培养目标应体现培养德智体美劳全面发展的社会主义建设者和接班人的教育方针。为了确保培养目标的实现，国家工程教育认证通用标准明确规定了专业制定毕业要求应完全覆盖的12项内容，详见表6-7。

表6-7　国家工程教育认证通用标准明确规定的专业制定毕业要求应完全覆盖的内容

序号	项目	毕业要求应完全覆盖的内容	涉及的人文社科领域
1	工程知识	能够将数学、自然科学、工程基础和专业知识用于解决复杂工程问题	
2	问题分析	能够应用数学、自然科学和工程科学的基本原理，识别、表达并通过文献研究分析复杂工程问题，以获得有效结论	
3	设计/开发解决方案	能够设计针对复杂工程问题的解决方案，设计满足特定需求的系统、单元（部件）或工艺流程，并能够在设计环节中体现创新意识，考虑社会、健康、安全、法律、文化以及环境等因素	社会、健康、安全、法律、文化
4	研究	能够基于科学原理并采用科学方法对复杂工程问题进行研究，包括设计实验、分析与解释数据，并通过信息综合得到合理有效的结论	
5	使用现代工具	能够针对复杂工程问题，开发、选择与使用恰当的技术、资源、现代工程工具和信息技术工具，包括对复杂工程问题的预测与模拟，并能够理解其局限性	
6	工程与社会	能够基于工程相关背景知识进行合理分析，评价专业工程实践和复杂工程问题解决方案对社会、健康、安全、法律以及文化的影响，并理解应承担的责任	社会、健康、安全、法律、文化
7	环境和可持续发展	能够理解和评价针对复杂工程问题的工程实践对环境、社会可持续发展的影响	社会
8	职业规范	具有人文社会科学素养、社会责任感，能够在工程实践中理解并遵守工程职业道德和规范，履行责任	人文社科素养
9	个人和团队	能够在多学科背景下的团队中承担个体、团队成员以及负责人的角色	社会、文化

序号	项目	毕业要求应完全覆盖的内容	涉及的人文社科领域
10	沟通	能够就复杂工程问题与业界同行及社会公众进行有效沟通和交流，包括撰写报告和设计文稿、陈述发言、清晰表达或回应指令，并具备一定的国际视野，能够在跨文化背景下进行沟通和交流	社会、文化
11	项目管理	理解并掌握工程管理原理与经济决策方法，并能在多学科环境中应用	管理、经济
12	终身学习	具有自主学习和终身学习的意识，有不断学习和适应发展的能力	教育、文化

从表6-7可以看出，12条毕业要求中有8条涉及人文社科类知识和素养。此外，国家工程教育认证通用标准还进一步要求，工程专业课程体系中人文社会科学类通识教育课程至少占总学分的15%，使学生在从事工程设计时能够考虑经济、环境、法律、伦理等各种制约因素。

表6-8给出了某校制药工程专业培养方案中人文社科类通识教育课程。可以看出，课程内容非常丰富，涉及哲学、法学、历史学、文学、教育学、军事学、经济学、管理学和艺术学等众多学科门类。其中，"两课"（指我国现阶段在普通高校开设的马克思主义理论课和思想政治教育课）是思政教育的主渠道；体育、艺术素养课和劳动教育课单独开设，体现了对体育、美育和劳动教育的重视；所有这些课程都在为培养德智体美劳全面发展的社会主义建设者和接班人发挥重要作用。

⊡ 表6-8　某校制药工程专业培养方案中人文社科类通识教育课程一览表

序号	修读类别	课程名称	所属学科门类	学分/备注
1	必修课	思想道德与法治	哲学、法学	2.5
2		马克思主义基本原理	哲学、法学	2.5
3		毛泽东思想和中国特色社会主义理论体系概论	哲学、法学	2.5
4		习近平新时代中国特色社会主义思想概论	哲学、法学	3.0
5		中国近现代史纲要	历史学	2.5
6		形势与政策	法学	2.0
7		大学外语（英/日）	文学	8.0/日语限高考外语科目为日语的学生修读
8		体育	教育学	4.0
9		国家安全教育	法学	1.0
10		劳动教育	教育学	1.0
11		军事理论	军事学	2.0
12		大学生心理健康教育	教育学	2.0
13		创新创业理论与实践	经济学、管理学	2.0/其中理论部分 1.0
14		就业指导	法学	1.0
15	分类选修课	艺术素养类	艺术学	此类课程选修 2.0
16		跨文化与国际视野类	文学、法学	此类课程选修 1.0
17		红色文化通识课	文学	此类课程选修 1.0

4.胆大心细，追求创新

（1）主动培植创新意识　意识是行动的先导，创新意识是创新行为的前提。传统的教育思想注重知识的传授，对学生创新意识的培植有所不足。学生们在学习中，应将创新意识的养成与基础知识的构建相结合，学会知识交叉渗透与综合应用。例如：积极采用PBL教学方法，即以问题为导向的教学方法。这是一种国际上较流行的教学方法，是基于现实世界的以学生为中心的教育方式，它把学习设置到复杂的、有意义的问题情境中，通过让学习者合作解决真实性问题，来学习隐含于问题背后的科学知识，形成解决问题的能力，并形成自主学习的能力。PBL的精髓包含了创新精神，因为创新就是发现问题、提出问题和解决问题。

（2）灵活变换思维模式　人的思维有两种类型：一种是收敛思维，另一种是发散思维。人的创新能力，是收敛思维与发散思维协同作用的结果。传统教育偏重收敛思维的训练，学生求同性思维较发达，但求异性思维方面相对薄弱。我们应重视发散思维的训练，因为发散思维是一种开放性、求异性的思维，这种思维不是沿着一条直线或在一个平面内的思维活动，而是从多角度、多方位对认识对象进行思考，其特点是思维活跃，不受束缚，敢于突破。

（3）积极投身创新实践　大学生投身创新实践的途径有两个：一个是课内，一个是课外。课内创新实践主要有实验、实习和设计/论文三个系列，每个系列都设置了创新程度不同、呈逐步提升的教学环节，详见表6-9。

▢ 表6-9　某校制药工程专业课内创新实践环节一览表

创新程度	实验系列	实习系列	设计/论文系列
最高	研究性实验	毕业实习	毕业设计/论文（18周）
较高	综合性实验	生产实习	小设计/小论文（5周）
一般	验证性实验	认识实习	课程设计/调研报告（1~2周）

这里要特别强调的是，毕业设计/论文是大学四年中费时最长，也最为重要的创新实践活动，务必高度重视。毕业设计和毕业论文都是实践教学的最后一个环节，目的是培养和测试学生综合运用所学理论、知识和技能解决实际问题的能力。一般情况下，学生可两者选其一。做毕业设计的学生在老师的指导下，对选定的课题进行工程设计，包括工艺路线选择、工艺和设备计算、管道和车间布置、绘图、经济论证等，最后提交设计说明书、计算书和各类图纸等设计文档资料；做毕业论文的学生在老师的指导下，以解决某项科研问题为课题开展研究，包括查阅文献、制订研究计划、设计并实施实验、处理实验数据、分析实验结果并得出结论、撰写论文等。

除了上述三个系列的创新实践环节，培养方案还专门设置了2个学分的"创新创业理论与实践"课，系统讲授创新创业理论，详细指导学生撰写创新创业计划书等。

课外创新实践主要有第二课堂实践、劳动教育实践、暑期社会实践等，参见表6-6。在这些课外创新实践中，如能结合自己专业所学，针对具体问题开展科技创新、科技服务活动，会收获意想不到的成功。另外，尽早加入老师的科研团队，参与科研工作，可以得到很好的科学研究训练。最后，积极参加学校、地方和国家举办的各类学科、双创竞赛，以赛促学，对开拓视野、提高创新能力大有裨益。表6-10列出了制药工程专业大学生可以参加的全国性学科、双创竞赛示例。

▢ 表6-10　制药工程专业大学生可以参加的全国性学科、双创竞赛示例

序号	竞赛名称	备注
1	中国国际"互联网+"大学生创新创业大赛	每年一次
2	"挑战杯"全国大学生课外学术科技作品竞赛	每两年一次
3	"挑战杯"中国大学生创业计划竞赛	每两年一次
4	全国大学生生命科学竞赛（CULSC）	每年一次
5	全国大学生制药工程设计竞赛	每年一次
6	全国大学生药苑论坛	每年一次

学习小结

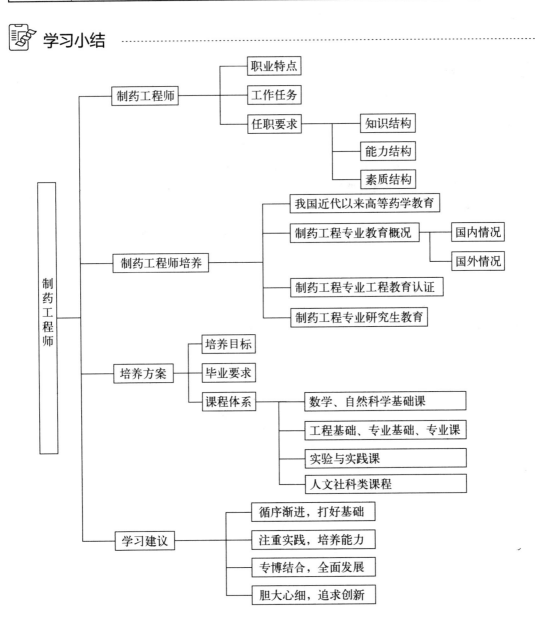

思考题 ···

1. 简述制药工程师的任务。

2. 谈谈制药工程师应具备的知识结构。

3. 我国近代高等药学教育始于哪一年？

4. 我国1998版本科专业目录中与药学有关的专业有哪几个？2024版本
科专业目录中与药学相关专业有多少个？其中基本专业有哪些？

5. 工程教育专业认证是什么？

6. 工程教育专业认证的核心理念有哪些？

7. 制药工程专业制定的毕业要求应完全覆盖哪些内容？

8. 制药工程专业有哪些核心课程？

扫描二维码可
查看思考题参考答案

 参考文献 ···

［1］杨世民，李华．药学概论［M］. 2版．北京：科学出版社，2017.

［2］赵肃清，叶勇，刘艳清．制药工程专业导论［M］．北京：化学工业出版社，2021.

［3］宋航，彭代银，黄文才，等．制药工程技术概论［M］. 3版．北京：化学工业出版社，2019.

［4］高雅．医学生学习方法［M］．北京：科学出版社，2016.

［5］教育部高等学校教学指导委员会．普通高等学校本科专业类教学质量国家标准（上）［M］．北京：
高等教育出版社，2018.

［6］中国工程教育专业认证协会．工程教育认证标准（2024版）［S］. 2024.

（从扬，严生虎，王车礼）

附　录

附录1　推荐课外调研课题

一、参考选题

从以下课题中任选一题开展课外调研，也可自拟调研课题。

1.上一年度销售额排名前十（TOP10）的化学药品调研

论述其功用、制造原理、使用方法与注意事项等。

2.上一年度销售额排名前十（TOP10）的中药药品调研

论述其功用、制造原理、使用方法与注意事项等。

3.上一年度销售额排名前十（TOP10）的生物药品调研

论述其功用、制造原理、使用方法与注意事项等。

4.上一年度国内主业销售额排名前十（TOP10）的药企调研

介绍企业概况、主要产品、组织构架、发展战略、企业文化等。

5.上一年度全球主业销售额排名前十（TOP10）的药企调研

介绍企业概况、主要产品、组织构架、发展战略、企业文化等。

6.某医院药房（药剂科）参观调研报告

药房职能、组织构架、药品分类及管理、工作制度等。

7.某零售药店参观调研报告

药房职能、组织构架、药品分类及管理、工作制度等。

8.某地药监局（所）参观调研报告

药监局（所）管理职能、组织构架、工作程序、管理制度等。

9.某药厂参观调研报告

工厂概况、主要产品、车间分布、安全和卫生管理制度等。

10.国内排名前十（TOP10）的药学学科（或制药工程专业）

介绍学科（专业）概况、主要领军人物、优势研究领域、办学特色等。

11.全球排名前十（TOP10）的药学学科（或制药工程专业）

介绍学科（专业）概况、主要领军人物、优势研究领域、办学特色等。

12.本地道地药材调查

本地道地药材保护、种植、加工、销售、使用情况；创新中药研发情况；药材全值化、高值化利用情况等。

13.地方中医药名方发掘利用调研

含地方中医药名医趣闻轶事、名方发掘研究进展等。

二、具体要求

1. 四人一组，任选一题，但同一小班内不能重复选题。

2. 各小组独立开展调研，形成调研报告（≥3000字，四人共同完成），上交授课老师一份阅存。

3. 各小组依据调研报告作PPT，并在小班会上展演、答辩，由老师和其他小组同学评价打分。

附录2　推荐课外阅读材料

一、药学中文重点期刊

1.《药学学报》

2.《中国药理学通报》

3.《药物分析杂志》

4.《中国临床药理学杂志》

5.《中国药学杂志》

6.《中国新药杂志》

7.《中国药科大学学报》

8.《中国药理学与毒理学杂志》

9.《中国抗生素杂志》

10.《中国医院药学杂志》

11.《国际药学研究杂志》

12.《中国新药与临床杂志》

13.《沈阳药科大学学报》

14.《中国医药工业杂志》

15.《中国药房》

16.《毒理学杂志》

17.《化工学报》

18.《化工进展》

19.《高校化学工程学报》

20.《过程工程学报》

21.《化学工程》

22.《精细化工》

二、国际主要英文药学期刊

1. *International Journal of Pharmaceutics*

2. *Antimicrobial Agents and Chemotherapy*

3. *Journal of Medicinal Chemistry*

4. *Journal of Control Release*

5. *Bioorganic Medicinal Chemistry Letters*

6. *Journal of Biological Chemistry*

7. *Journal of Pharmaceutical Sciences*

8. *Psychopharmacology*

9. *Bioorganic Medicinal Chemistry*

10. *European Journal of Pharmacology*

11. *AIChE Journal*
12. *Chemical Engineering Journal*
13. *Chemical Engineering Research and Design*
14. *Chemical Engineering Science*
15. *Chinese Journal of Chemical Engineering*

三、主要医药数据库资源

1. 中国知网
2. 万方数据知识服务平台
3. MEDLINE
4. 《化学文摘》
5. PharmaProjects
6. Ei（Engineering Village 2 ）
7. Web of Science
8. 科技会议录索引（ISTP）
9. 《马丁代尔大药典》

四、主要药学信息网站

1. 国家药品监督管理局官网
2. 中国医药信息网
3. 美国食品药品监督管理局官网
4. 化工资源网
5. 国家知识产权局官网